ISBN 978-3-662-24094-6   ISBN 978-3-662-26206-1 (eBook)
DOI 10.1007/978-3-662-26206-1

1. Berichterstatter: Prof. Dr. K. Schütte
2. Berichterstatter: Prof. Dr. P. Wellmann
Tag der mündlichen Prüfung: 13. Dezember 1961

Sonderdruck aus
Sitzungsberichte der Österreichischen Akademie der Wissenschaften,
mathem.-naturw. Klasse, Abt. IIa, 171. Bd., 1.—4. Heft, 1963

Die Hillschen Grenzkurven in einem besonderen Fall des eingeschränkten Vierkörperproblems bei verschiedenen Werten der endlichen Massen

Von

Martin Eckstein

(Mit 10 Abbildungen und 22 Tafeln)

(Vorgelegt in der Sitzung am 25. Jänner 1962)

1. Einleitung

Von der Vielzahl der in den letzten Jahrzehnten erschienenen Abhandlungen über das Mehrkörperproblem sind es vor allem die Arbeiten von M. Lindow [1], die die Anregung zur folgenden Untersuchung gaben und den Ausgangspunkt bildeten. Lindow hat die speziellen Fälle des eingeschränkten Vierkörperproblems behandelt, wo drei endliche, einander gleiche Massen in gleichen Abständen auf einer geraden Linie oder in den Eckpunkten eines gleichseitigen Dreiecks angeordnet sind und diese Anordnung stets beibehalten. Die Bewegung der vierten, infinitesimalen Masse im rotierenden Koordinatensystem ist dann durch das Jacobische Integral eingeschränkt; es existieren die sogenannten Hillschen Grenzflächen im Raum bzw. Grenzkurven in der Ebene, die der vierte Körper nicht überschreiten kann. Die Hillschen Grenzkurven für die Ebene des Massendreiecks sind von Lindow berechnet und dargestellt worden.

Die Lindowschen Arbeiten sind später in verschiedener Hinsicht erweitert und ergänzt worden. W. Schaub hat einen speziellen Fall des Fünfkörperproblems [2] und Lindow selbst den Kreisfall im Problem der $(n + 1)$-Körper (n endliche und eine infinitesimale Masse) behandelt [3]. Die Hillschen Grenzflächen im dreidimensionalen Raum sind für das gewöhnliche „problème restreint" von H. Roth untersucht worden, und zwar für das Massenverhältnis $m_1 : m_2 = 1 : 10$ [4]. In ähnlicher Weise ergänzte E. Hüttenhain die

Lindowschen Arbeiten durch Hinzunahme der dritten Dimension, und stellte auch für das eingeschränkte Vierkörperproblem die Grenzflächen im Raum dar [5].

Bei allen genannten Untersuchungen des eingeschränkten Vierkörperproblems ist jedoch die Gleichheit der drei endlichen Massen vorausgesetzt. Von dieser Voraussetzung ist erstmalig P. Pedersen in seiner Arbeit [6]: „Librationspunkte im restringierten Vierkörperproblem" abgegangen, wo er die Bewegung des Schwerpunktes in Abhängigkeit von der Bewegung der Librationspunkte im Dreiecksfall des eingeschränkten Vierkörperproblems untersucht. In einer späteren Arbeit [7] werden von ihm auch Stabilitätsfragen erörtert.

In jüngster Zeit ist W. B. Klemperer auch im n-Körperproblem von der Gleichheit der n-Massen abgegangen und hat Lösungen angegeben, bei welchen die eine Hälfte der Körper jeder die gleiche Masse m_1, die anderen jeder die gleiche Masse m_2 besitzen [8].

Nach alledem erscheint es interessant und wünschenswert, auch bei der Untersuchung der Hillschen Grenzkurven im eingeschränkten Vierkörperproblem von der Massengleichheit abzugehen und den Versuch zu machen, die Abhängigkeit der Grenzkurven von den Massenwerten darzustellen. Das kann sowohl für den Geradlinienfall als auch für den Dreiecksfall geschehen. Beim Geradlinienfall wäre zu beachten, daß mit der Wahl bestimmter Massenwerte auch die gegenseitigen Abstände der endlichen Massen schon festgelegt sind, da bei beliebiger Wahl der Abstände die geradlinige Anordnung nicht erhalten bleiben würde. Nun ist aber überhaupt die Anordnung der drei endlichen Massen beim Geradlinienfall stets instabil, d. h. es genügt die geringste Störung, um das Gebilde in kurzer Zeit zerfallen zu lassen. Insofern hat also der Geradlinienfall nur theoretische Bedeutung, denn in der Natur kann er kaum vorkommen, weil fast immer störende Anziehungskräfte fremder Massen vorhanden sind.

Dagegen ist die Anordnung der drei endlichen Massen in den Eckpunkten eines gleichseitigen Dreiecks nach Pedersen [9] zumindest unter gewissen Bedingungen stabil, und sie ist für alle Massenkombinationen dieselbe. Aus diesen Gründen wird in der vorliegenden Untersuchung nur der Dreiecksfall des eingeschränkten Vierkörperproblems behandelt.

I. Grundlagen und theoretische Überlegungen

2. Bewegungsgleichungen, Jacobisches Integral und Hillsche Grenzkurven

Im Dreiecksfall des eingeschränkten Vierkörperproblems lauten die Bewegungsgleichungen des infinitesimalen Körpers in einem rotierenden Koordinatensystem, dessen Ursprung im Schwerpunkt des Systems liegt und dessen Drehachse mit der z-Achse zusammenfällt:

$$\left.\begin{aligned}
\ddot{x} - 2\,n\,\dot{y} - n^2\,x &= -\,k^2 \sum_{i=1}^{3} m_i \frac{x - x_i}{r_i{}^3} \\[2mm]
\ddot{y} + 2\,n\,\dot{x} - n^2\,y &= -\,k^2 \sum_{i=1}^{3} m_i \frac{y - y_i}{r_i{}^3} \\[2mm]
\ddot{z} \phantom{+ 2\,n\,\dot{x} - n^2\,y} &= -\,k^2 \sum_{i=1}^{3} m_i \frac{z}{r_i{}^3}
\end{aligned}\right\} \tag{1}$$

Hierbei sind x, y die Koordinaten der infinitesimalen Masse, $r_i = \sqrt{(x - x_i)^2 + (y - y_i)^2 + z^2}$ ihre Entfernung von den endlichen Massen m_i, n die konstante Winkelgeschwindigkeit des rotierenden Systems und k^2 die Gravitationskonstante. Ist ferner

$$M = \sum_{i=1}^{3} m_i$$

die Massensumme und R die Länge der Dreiecksseiten, so muß im Dreiecksfall die Beziehung

$$k^2 M = n^2 R^3 \tag{2}$$

erfüllt sein.

Definiert man

$$U = \frac{1}{2}\,n^2\,(x^2 + y^2) + k^2 \sum_{i=1}^{3} \frac{m_i}{r_i} \tag{3}$$

so können die Gleichungen (1) auch folgendermaßen geschrieben werden:

$$\left.\begin{aligned}
\ddot{x} - 2\,n\,\dot{y} &= \frac{\partial U}{\partial x} \\[2mm]
\ddot{y} + 2\,n\,\dot{x} &= \frac{\partial U}{\partial y} \\[2mm]
\ddot{z} \phantom{+ 2\,n\,\dot{x}} &= \frac{\partial U}{\partial z}
\end{aligned}\right\} \tag{4}$$

4 M. Eckstein

Multiplikation der drei Gleichungen (4) der Reihe nach mit $\dot{x}$, $\dot{y}$, $\dot{z}$ und nachfolgende Addition ergibt

$$\ddot{x}\dot{x} + \ddot{y}\dot{y} + \ddot{z}\dot{z} = \frac{\partial U}{\partial x}\dot{x} + \frac{\partial U}{\partial y}\dot{y} + \frac{\partial U}{\partial x}\dot{z}$$

oder

$$\frac{1}{2}\frac{d}{dt}(\dot{x}^2 + \dot{y}^2 + \dot{z}^2) = \frac{dU}{dt}$$

und die Integration ergibt

$$\dot{x}^2 + \dot{y}^2 + \dot{z}^2 = V^2 = 2U - K \tag{5}$$

Wählt man die Einheiten von Länge, Zeit und Masse so, daß $R = \sqrt{3}$, $n = 1$ und $M = 1$ werden, so wird nach (2) $k^2 = 3\sqrt{3}$, und (5) nimmt die Form an:

$$V^2 = 2U - K = x^2 + y^2 + 6\sqrt{3}\sum_{i=1}^{3}\frac{m_i}{r_i} - K \tag{6}$$

Gleichung (5) bzw. (6) stellt das Jacobische Integral für den Dreiecksfall des eingeschränkten Vierkörperproblems dar. Die Integrationskonstante K heißt Jacobische Konstante.

Wird in (6) die Geschwindigkeit des infinitesimalen Körpers $V = 0$ gesetzt, so stellt die Gleichung

$$2U - K = x^2 + y^2 + 6\sqrt{3}\sum_{i=1}^{3}\frac{m_i}{r_i} - K = 0 \tag{7}$$

eine Flächenschar mit dem Parameter K dar. Die Flächen werden Nullgeschwindigkeitsflächen oder Hillsche Grenzflächen genannt. Der infinitesimale Körper kann bei vorgegebener Jacobischer Konstante K die zugehörige Fläche nicht durchschreiten. K ist wiederum nach (6) durch Anfangslage und Anfangsgeschwindigkeit der infinitesimalen Masse bestimmt.

Im folgenden sollen nur Bewegungen in der xy-Ebene betrachtet werden. Dann wird $z = 0$ und die Grenzflächen gehen über in Grenzkurven in der xy-Ebene.

3. Berechnung und Darstellung der Grenzkurven

a) Die Methode

Der Versuch, die Gleichung (7) der Grenzkurven nach x oder y aufzulösen und eine Variable als Funktion der anderen analytisch darzustellen, führt auf eine algebraische Gleichung hohen Grades in x und y. Es ist daher nicht erfolgversprechend, auf diesem Wege das Verhalten der Grenzkurven bei Variation der m_i zu studieren.

Man kann aber auch auf anderem, numerischem Wege zum Ziel gelangen, indem man die Grenzkurven für viele Kombinationen der Massenwerte tatsächlich aufzeichnet. Dadurch erhält man einen guten Überblick über das Verhalten der Grenzkurven und die auftretenden Gesetzmäßigkeiten. In Einzelfällen kann immer noch versucht werden, auch eine analytische Darstellung zu finden.

Um die Grenzkurven zeichnen zu können, berechnet man am besten die Werte der Jacobischen Konstante für eine große Zahl von Punkten der xy-Ebene in der Umgebung des Massendreiecks. Man erhält dann die Grenzkurven mit ausreichender Genauigkeit als Linien gleicher Jacobischer Konstante durch Interpolation.

b) Die Kombinationen der Werte der endlichen Massen

Es ergab sich im Laufe der Untersuchungen, daß das Verhalten der Hillschen Grenzkurven besonders interessant ist, wenn die drei Massen entweder annähernd gleich groß sind oder wenn sie sich sehr stark unterscheiden. Dagegen lassen sich die Verhältnisse bei Massenwerten, die etwa in der Mitte zwischen diesen beiden Extremen liegen, relativ leicht überblicken. Daher wurden vornehmlich extreme Massenverhältnisse ausgesucht. Insbesondere wurden diejenigen Fälle ausführlich behandelt, wo die Massen um mehrere Zehnerpotenzen voneinander verschieden sind, wie es ja auch im Weltall häufig der Fall ist. Die größte Masse wurde immer mit m_1, die mittlere mit m_2, die kleinste mit m_3 bezeichnet.

Um eine bessere Übersicht zu erhalten, wurden die Kombinationen der m_i in Gruppen zusammengefaßt. Innerhalb einer solchen Gruppe bleibt die größte Masse m_1 gleich, während die beiden anderen, m_2 und m_3, so variieren, daß die Massensumme stets 1 ergibt. Dabei bildete der symmetrische Fall $m_2 = m_3$ den Ausgangspunkt, dann wurde m_3 verkleinert und entsprechend m_2 vergrößert. Die folgende Tabelle 1 gibt eine Übersicht aller der Rechnung zugrunde liegenden Massenkombinationen:

Tabelle 1

Tafel	m_1	m_2	m_3
1	0,333...	0,333...	0,333...
2	0,35	0,33	0,32
3.0	0,4	0,3	0,3
3.1	0,4	0,35	0,25
3.2	0,4	0,4	0,2
4.0	0,5	0,25	0,25
4.1	0,5	0,3	0,2
4.2	0,5	0,4	0,1
4.3	0,5	0,49	0,01
4.4	0,5	0,499	0,001
4.5	0,5	0,49999	0,00001
5.0	0,9	0,05	0,05
5.1	0,9	0,09	0,01
5.2	0,9	0,099	0,001
5.3	0,9	0,09999	0,00001
6.0	0,99	0,005	0,005
6.1	0,99	0,009	0,001
6.2	0,99	0,00999	0,00001
7.0	0,999	0,0005	0,0005
7.1	0,999	0,0009	0,0001
7.2	0,999	0,00099	0,00001

c) *Das Punktnetz*

Da die Berechnung der Jacobischen Konstante für viele Kombinationen der m_i auszuführen ist, kommt es sehr darauf an, das Punktnetz so zu wählen, daß der Rechenvorgang möglichst einfach und kurz wird. Am günstigsten ist ein radialsymmetrisches Polarkoordinatennetz, dessen Zentrum im Mittelpunkt (nicht im Schwerpunkt!) des Massendreiecks liegt. Ein solches Punktnetz wurde für die Rechnungen verwendet. Die Netzpunkte sind auf konzentrischen Kreisen in Winkelabständen von je 15° angeordnet, und die Kreisradien folgen in Abständen von 0,2. Da bei dem gewählten Maßstab (Dreiecksseite $= \sqrt{3}$) die endlichen Massen in der Entfernung 1 vom Mittelpunkt liegen, befinden sie sich auf dem fünften Kreis. Der äußerste Kreis hat einen Radius von 3.6, die Zahl aller Netzpunkte ist mit Einschluß des Mittelpunktes 18 . 24 $+$

$+ 1 = 433$, was bei 21 Massenkombinationen einer Gesamtzahl von $433 \cdot 21 = 9093$ berechneten Werten für die Jacobische Konstante ergibt, wovon allerdings aus Symmetriegründen ein Teil nicht berechnet zu werden brauchte. Natürlich liegen die Punkte im inneren Bereich dichter als außen, doch ist das dem Problem durchaus angemessen, denn erfahrungsgemäß sind die Kurven im inneren Bereich am kompliziertesten, während sie in großen Entfernungen immer kreisähnlicher werden, so daß dort auch weniger Punkte genügen.

d) Umformung des Jacobischen Integrals

Den Gleichungen (6) und (7) liegt ein Koordinatensystem zugrunde, dessen Ursprung mit dem Schwerpunkt des Systems zusammenfällt. Das gewählte Punktnetz hingegen hat sein Zentrum im Dreiecksmittelpunkt. Daher müßte (6) noch auf eine andere Form gebracht werden, welche dem System der Netzpunkte angepaßt ist. Es zeigt sich aber, daß dies überhaupt nicht erforderlich ist, da sich eine Form finden läßt, die vom Koordinatensystem überhaupt nicht abhängt und die für jedes Punktnetz in gleicher Weise benutzt werden kann.

Für ein rechtwinkeliges Koordinatensystem, in welchem der Schwerpunkt die Koordinaten σ und τ besitzt, geht (6) über in

$$V^2 = (x - \sigma)^2 + (y - \tau)^2 + 6\sqrt{3} \sum_{i=1}^{3} \frac{m_i}{r_i} - K \tag{8}$$

Wegen $\sum\limits_{i=1}^{3} m_i = 1$ gilt auch

$$V^2 = \sum_{i=1}^{3} m_i (x - \sigma)^2 + \sum_{i=1}^{3} m_i (y - \tau)^2 + 6\sqrt{3} \sum_{i=1}^{3} \frac{m_i}{r_i} - K \tag{9}$$

Ferner sind die Ausdrücke $\sum\limits_{i=1}^{3} m_i (x_i - \sigma)$ und $\sum\limits_{i=1}^{3} m_i (y_i - \tau)$ auf Grund der Schwerpunktsdefinition gleich Null. Sie können daher noch mit den Faktoren $- 2 (x - \sigma)$ bzw. $- 2 (y - \tau)$ versehen und addiert werden, ohne daß (9) seine Gültigkeit verliert. Ebenso kann der Ausdruck $\sum\limits_{i=1}^{3} m_i [(x_i - \sigma)^2 + (y_i - \tau)^2]$ addiert und am Schluß wieder abgezogen werden. Dann ergibt sich

$$V^2 = \sum_{i=1}^{3} m_i \, (x - \sigma)^2 + \sum_{i=1}^{3} m_i \, (y - \tau)^2 - 6 \sqrt{3} \sum_{i=1}^{3} \frac{m_i}{r_i} -$$
$$- 2 \, (x - \sigma) \sum_{i=1}^{3} m_i \, (x_i - \sigma) - 2 \, (y - \tau) \sum_{i=1}^{3} m_i \, (y_i - \tau) + \tag{10}$$
$$+ \sum_{i=1}^{3} m_i \, [(x_i - \sigma)^2 + (y_i - \tau)^2] - K - \sum_{i=1}^{3} m_i \, [(x_i - \sigma)^2 + y_i - \tau)^2]$$

oder anders zusammengefaßt:

$$V^2 = \sum_{i=1}^{3} m_i \Big[(x - \sigma)^2 - 2 \, (x - \sigma) \, (x_i - \sigma) + (x_i - \sigma)^2 + (y - \tau)^2 -$$
$$- 2 \, (y - \tau) \, (y_i - \tau) + (y_i - \tau)^2 + \frac{6 \sqrt{3}}{r_i} \Big] -$$
$$- K - \sum_{i=1}^{3} m_i \, [(x_i - \sigma)^2 + (y_i - \tau)^2]$$

Auf der rechten Seite ist das letzte Glied konstant und kann mit K zu einer neuen Konstanten

$$C = K + \sum_{i=1}^{3} m_i \, [(x_i - \sigma)^2 + (y_i - \tau)^2]$$

zusammengefaßt werden. Dann erhält man

$$V^2 = \sum_{i=1}^{3} m_i \Big[(x - x_i)^2 + (y - y_i)^2 + \frac{6 \sqrt{3}}{r_i} \Big] - C$$

oder

$$V^2 = \sum_{i=1}^{3} m_i \Big[r_i^2 + \frac{6 \sqrt{3}}{r_i} \Big] - C$$

und schließlich

$$V^2 = 2 \, \Omega - C, \tag{11}$$

wenn

$$\Omega = \frac{1}{2} \sum_{i=1}^{3} m_i \Big[r_i^2 + \frac{6 \sqrt{3}}{r_i} \Big] \tag{12}$$

gesetzt wird.

Gleichung (11) entspricht der Darwinschen Form [10] des Jacobischen Integrals in „problème restreint". Ω unterscheidet sich von U nur um eine Konstante, die Bewegungsgleichungen (4) bleiben also gültig, wenn U durch Ω ersetzt wird. Die Form von (11) hat aber den großen Vorteil, daß Ω invariant ist gegenüber Koordinatentransformationen, denn in Ω kommen nur die Abstände r_i vor. Setzt man also in (11) noch $V = 0$, so kann die Formel

$$2\,\Omega = C = \sum_{i=1}^{3} m_i \left(r_i{}^2 + \frac{6\,\sqrt{3}}{r_i} \right) \tag{13}$$

in jedem beliebigen Koordinatensystem für die Berechnung der C-Werte verwendet werden. Davon wird im folgenden auch Gebrauch gemacht werden.

e) Der untere Grenzwert von Ω

Die Funktion Ω hat noch eine weitere interessante Eigenschaft: Es gibt eine untere Grenze, welche von Ω bei keiner Kombination der Massenwerte unterschritten werden kann. Es ist stets

$$2\,\Omega \geqq 9 \tag{14}$$

Das Gleichheitszeichen gilt nach Gl. (13) nur in den Fällen, wo eine Masse Null ist und die Abstände r_i von den beiden anderen gleich $\sqrt{3}$ sind, also in den Librationspunkten L_4 und L_5 des „problème restreint". An allen anderen Punkten der xy-Ebene ist $2\,\Omega$ größer, da der Klammerausdruck

$$K_i = \left(r_i{}^2 + \frac{6\,\sqrt{3}}{r_i} \right)$$

bei $r_i = \sqrt{3}$ sein Minimum hat. Tritt nun die dritte Masse hinzu, so verschieben sich die Librationspunkte und damit auch die Minima von $2\,\Omega$, die K_i werden sämtlich größer. Dagegen bleibt die Gesamtmasse erhalten, sie wird nur anders aufgeteilt, wobei die einzelnen Teile nun aber mit größeren Faktoren K_i multipliziert werden. Also wächst das Minimum von $2\,\Omega$ an. Der Minimalwert von $C = 2\,\Omega$ ist daher stets größer als 9 und nähert sich diesem Grenzwert um so mehr, je kleiner die dritte Masse wird.

f) Das Rechenschema

Im folgenden wird ein Polarkoordinatensystem (r, φ) zugrunde gelegt, dessen Ursprung im Dreiecksmittelpunkt liegt und dessen Nullrichtung von φ durch m_1 geht. Es gelten die Beziehungen (siehe Abb. 1):

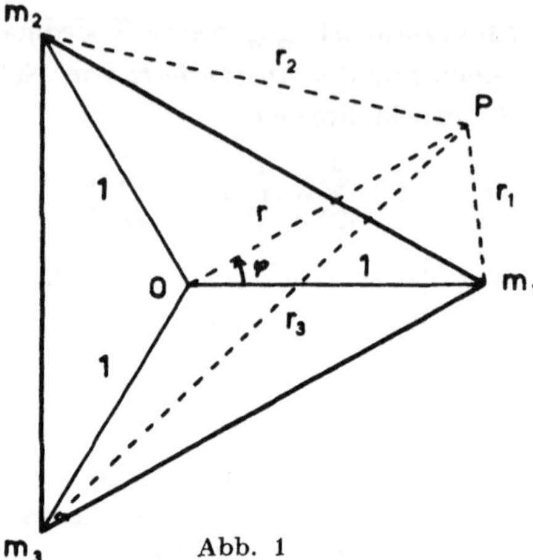

Abb. 1

$$\begin{cases} r_1{}^2 = r^2 + 1 - 2\,r\cos\varphi \\ r_2{}^2 = r^2 + 1 - 2\,r\cos(\varphi - 120°) \\ r_3{}^2 = r^2 + 1 - 2\,r\cos(\varphi - 240°) \end{cases} \tag{15}$$

Bezeichnet man die Klammer $\left(r_i{}^2 + \dfrac{6\sqrt{3}}{r_i}\right)$ mit $K_i\,(r, \varphi)$, so ist nach (15)

$$\begin{aligned} K_2\,(r, \varphi) &= K_1\,(r, \varphi - 120°) \\ K_3\,(r, \varphi) &= K_1\,(r, \varphi - 240°) \end{aligned} \tag{16}$$

Es genügt also, für alle vorgesehenen Netzpunkte n u r K_1 zu berechnen und nach den Argumenten r, φ zu tabulieren, wobei man wegen der Symmetrie des Kosinus für φ nur das Intervall von 0° bis 180° zu nehmen braucht. Um die Werte für K_2 und K_3 zu erhalten, muß man dann nur statt mit φ mit $(\varphi - 120°)$ bzw. mit $(\varphi - 240°)$ eingehen.

An die K_i sind noch die Faktoren m_i anzubringen und zu summieren, um die C-Werte zu bekommen.

Der wesentliche Vorteil dieser Methode besteht darin, daß die einmal berechneten K_i für alle beliebigen Kombinationen der Massenwerte verwendet werden können.

g) Interpolation

Die Kurvenpunkte wurden durch graphische Interpolation gefunden. Die C-Werte wurden bei konstantem φ gegen r aufgetra

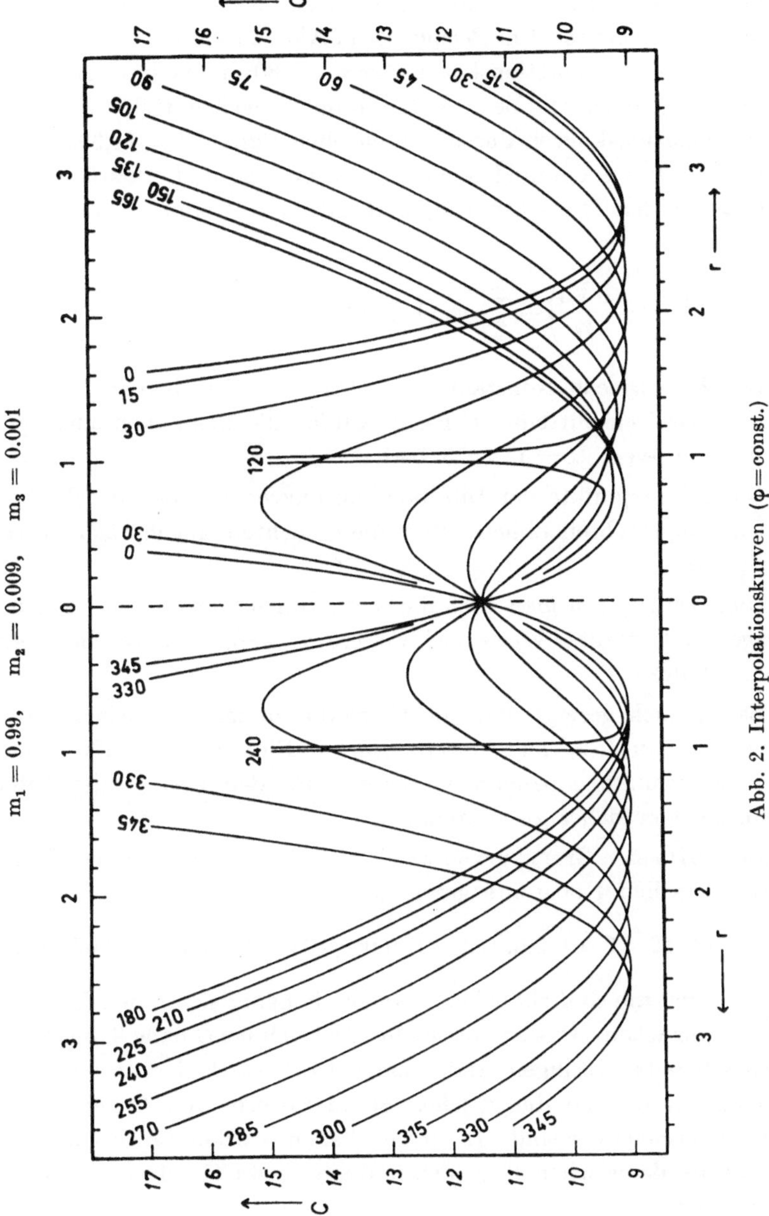

Abb. 2. Interpolationskurven (φ=const.)

für alle φ von $0°$, $15°$, ... $360°$, so daß sich eine Schar von 24 Interpolationskurven ergab. Ein Beispiel ist in Abb. 2 gegeben. In die rechte Hälfte sind die Interpolationskurven für $\varphi < 180°$, in die linke Hälfte für $\varphi \geqq 180°$ eingezeichnet. Bei $r = 0$, also im Dreiecksmittelpunkt, gehen alle Interpolationskurven durch den gleichen Punkt $C = 11{,}3923$. Das ist auch bei allen anderen Massenkombinationen so und erklärt sich daraus, daß für den Dreiecksmittelpunkt alle $r_i = 1$ sind. Damit ergibt sich

$$C = \sum_{i=1}^{3} m_i \left(r_i{}^2 + \frac{6\sqrt{3}}{r_i} \right) = \sum_{i=1}^{3} m_i \left(1 + 6\sqrt{3} \right) = 1 + 6\sqrt{3} = 11{,}3923 \quad (17)$$

Die Jacobische Konstante $C = 2\,\Omega - V^2$ ist eben so normiert, daß sie im Dreiecksmittelpunkt bei $V = 0$ für alle Massenkombinationen den gleichen Wert $C = 11{,}3923$ besitzt.

Die Schnittpunkte der Interpolationskurven mit den durch C gegebenen waagerechten Linien liefern die gesuchten, zugehörigen Wertepaare (r, φ).

Umgekehrt kann man auch die C-Werte bei konstantem r gegen φ auftragen und auf diese Weise noch weitere Kurvenpunkte für die Grenzkurven erhalten.

Es hat sich gezeigt, daß die Grenzkurven im allgemeinen damit genügend genau festgelegt waren. Nur in Einzelfällen mußten noch weitere Netzpunkte hinzugefügt werden, um den Verlauf der Interpolationskurven sicher zu bekommen.

Die Hillschen Grenzkurven wurden für die folgenden runden Werte der Jacobischen Konstante gezeichnet:

$$C = 14,\ 12,\ 11,\ 10,\ 9{,}5,\ 9{,}2,\ 9{,}1,\ 9{,}05,\ 9{,}02,\ 9{,}01,\ 9{,}005,\ 9{,}002,\ 9{,}001.$$

Sie liegen um so dichter bei einander, je näher sie an den Minimalwert 9 heranrücken. Das ist notwendig, weil sich bei C nahe 9 die Grenzkurven schon bei geringen Änderungen der C stark ändern. Für alle Darstellungen wurden die gleichen Standardwerte von C genommen, damit sie vergleichbar sind. In einigen Fällen wurden die Grenzkurven auch für die dazwischen liegenden C-Werte, etwa $C = 11{,}5$, zusätzlich eingezeichnet.

h) Abwandlung für den Spezialfall $m_3 \ll 1$

Wird eine Masse, z. B. m_3, sehr klein, so nähern sich die Grenzkurven immer mehr denjenigen des gewöhnlichen „problème restreint". Nur in der nächsten Umgebung von m_3 bleiben noch erhebliche Unterschiede bestehen. Daher genügte es in diesen Fällen, die Grenzkurven nur in der Nähe von m_3 zu zeichnen. Zu diesem Zwecke wurde das oben beschriebene Verfahren etwas abgewandelt: Die Netzpunkte wurden auf konzentrischen Kreisen um m_3 angeordnet, nun aber mit viel kleineren Radien von $r_3 = 0{,}28 \sqrt{3}$ bis $r_3 = 0{,}002 \sqrt{3}$ herab. Der Faktor $\sqrt{3}$ kommt durch die Wahl eines anderen Maßstabes herein, der sich in diesem Falle für die Rechnung als günstiger erwies. Entsprechend wurde ein neues Koordinatensystem (Δ, α) mit dem Nullpunkt in m_3 und der Nullrichtung nach m_1 zeigend eingeführt. Der Maßstab wurde so gewählt, daß m_1 die Koordinaten $\alpha = 0$, $\Delta = 1$ bekam, also $\Delta = \dfrac{r_3}{\sqrt{3}}$ und entsprechend $\Delta_1 = \dfrac{r_1}{\sqrt{3}}$, $\Delta_2 = \dfrac{r_2}{\sqrt{3}}$.

Damit wird

$$2\,\Omega = C = 3\left[m_1\left(\Delta_1{}^2 + \frac{2}{\Delta_1}\right) + m_2\left(\Delta_2{}^2 + \frac{2}{\Delta_2}\right) + m_3\left(\Delta^2 + \frac{2}{\Delta}\right)\right] \quad (18)$$

und

$$\begin{aligned}
\Delta_1{}^2 &= \Delta^2 + 1 - 2\,\Delta\,\cos\alpha \\
\Delta_2{}^2 &= \Delta^2 + 1 - 2\,\Delta\,\cos(\alpha - 60^\circ).
\end{aligned} \quad (19)$$

Nach (18) und (19) kann C in ganz ähnlicher Weise berechnet werden wie nach (15) und (13), wenn man wiederum K_1 und K_2, $\left[K_1 = 3\left(\Delta_1{}^2 + \frac{2}{\Delta_1}\right)\right.$, $\left.K_2 = 3\left(\Delta_2{}^2 + \frac{2}{\Delta_2}\right)\right]$ berechnet, tabuliert, mit m_1 bzw. m_2 multipliziert und summiert. Der Vorteil ist, daß der letzte Term $m_3\left(\Delta^2 + \frac{2}{\Delta}\right)$ in (18) von φ unabhängig ist und für alle Netzpunkte, welche auf demselben Kreis um m_3 liegen, nur einmal berechnet zu werden braucht. Die Kurvenpunkte (Δ, α) in der Nähe von m_3 können dann ebenso wie (r, φ) in g) durch graphische Interpolation gefunden werden.

4. Die Librationspunkte

a) Die Arbeiten von P. Pedersen

Wie im „problème restreint" gibt es auch im eingeschränkten Vierkörperproblem eine Anzahl Librationspunkte. Sie sind für den Dreiecksfall von P. Pedersen eingehend diskutiert worden [6] [7]. Demnach gibt es 8, 9 oder 10 Librationspunkte, welche wie bei Lindow [1] mit L_0, L_1, ... L_9 bezeichnet werden sollen. L_0, L_1, L_4 und L_7 liegen im Inneren des Massendreiecks, die übrigen außerhalb, wobei jedem ein gewisser Existenzbereich zugewiesen ist, den er gerade einmal durchläuft, wenn der Schwerpunkt das Massendreieck einmal durchläuft. Die Librationspunkte L_0 und L_4 existieren nur dann, wenn sich der Schwerpunkt des Systems innerhalb der von Pedersen bestimmten Schwerpunktsgrenzkurve befindet. Liegt er genau auf derselben, so fallen L_0 und L_4 zusammen, und wir haben 9 Librationspunkte. (An die Stelle von L_4 tritt L_7 oder L_1, wenn nicht m_1, sondern m_2 bzw. m_3 die größte Masse ist.)

Pedersen untersucht die Ortsveränderung des Schwerpunktes bei Bewegungen der Librationspunkte, indem er die Schwerpunktskoordinaten σ, τ für eine große Zahl von Librationspunkten berechnet. σ und τ werden von ihm in Tabellen gegeben. Umgekehrt lassen sich natürlich auch die Koordinaten der Librationspunkte diesen Tabellen entnehmen, wenn der Ort des Schwerpunktes bzw. die Massenwerte m_i gegeben sind, denn σ und τ sind durch die m_i eindeutig bestimmt. Ist nämlich die Länge der Dreiecksseiten gleich $\sqrt{3}$ und das rechtwinkelige Koordinatensystem so gewählt, daß der Ursprung im Dreiecksmittelpunkt liegt und die positive x-Achse in Richtung m_1 zeigt, so bestehen nach Pedersen [6] die Beziehungen:

$$
\left.
\begin{aligned}
\sigma &= \frac{1}{2}\,(3\,m_1 - 1) & m_1 &= \frac{1}{3}\,(1 + 2\,\sigma) \\[2mm]
& & m_2 &= \frac{1}{3}\,\left(1 - \sigma + \sqrt{3}\,\tau\right) \\[2mm]
\tau &= \frac{\sqrt{3}}{2}\,(m_2 - m_3) & m_3 &= \frac{1}{3}\,\left(1 - \sigma - \sqrt{3}\,\tau\right)
\end{aligned}
\right\}
\tag{20}
$$

b) *Näherungsweise Berechnung der Orte*

Leider stellte sich heraus, daß die von Pedersen berechneten Schwerpunktsorte nicht dicht genug liegen, um durch Interpolation zwischen ihnen ausreichend genaue Orte für die Librationspunkte ableiten zu können. Seine Tabellen konnten also nur in Einzelfällen für die Bildung von Näherungswerten benutzt werden. Meistens konnten schon mit Hilfe der gezeichneten Grenzkurven bessere Näherungswerte gewonnen werden. Die Bedingungsgleichungen für die Librationspunkte lauten:

$$\left.\begin{aligned}\frac{\partial \Omega}{\partial x} &= \sum_{i=1}^{3} m_i\,(x - x_i)\left[1 - \frac{3\sqrt{3}}{r_i{}^3}\right] = 0 \\[2mm] \frac{\partial \Omega}{\partial y} &= \sum_{i=1}^{3} m_i\,(y - y_i)\left[1 - \frac{3\sqrt{3}}{r_i{}^3}\right] = 0\end{aligned}\right\} \tag{21}$$

Diese beiden Gleichungen für die beiden Unbekannten x, y nach x und y aufzulösen, darf als aussichtslos bezeichnet werden. Hat man aber einen Näherungswert (x_N, y_N) für den Ort des Librationspunktes, so kann man mit einem Näherungsverfahren zum Ziel gelangen. Entwickelt man die Funktionen $\dfrac{\partial \Omega}{\partial x}$ und $\dfrac{\partial \Omega}{\partial y}$ am Punkte (x_N, y_N) in eine Taylorreihe und bricht nach den Gliedern erster Ordnung ab, so hat man:

$$\left.\begin{aligned}\frac{\partial \Omega}{\partial x} &= \frac{\partial \Omega}{\partial x}\bigg|_N + \frac{\partial^2 \Omega}{\partial x^2}\bigg|_N (x - x_N) + \frac{\partial^2 \Omega}{\partial x\,\partial y}\bigg|_N (y - y_N) + \cdots \\[2mm] \frac{\partial \Omega}{\partial y} &= \frac{\partial \Omega}{\partial y}\bigg|_N + \frac{\partial^2 \Omega}{\partial y\,\partial x}\bigg|_N (x - x_N) + \frac{\partial^2 \Omega}{\partial y^2}\bigg|_N (y - y_N) + \cdots\end{aligned}\right\} \tag{22}$$

Der Index N bedeutet, daß die betreffenden Differentialquotienten am Näherungsort zu bilden sind. Stellen nun x, y die Koordinaten des Librationspunktes dar, so sind die linken Seiten von (22) gleich Null. Mit den Abkürzungen

$$p_N = \frac{\partial^2 \Omega}{\partial x^2}\bigg|_N, \quad q_N = \frac{\partial^2 \Omega}{\partial y^2}\bigg|_N, \quad r_N = \frac{\partial^2 \Omega}{\partial x\,\partial y}\bigg|_N = \frac{\partial^2 \Omega}{\partial y\,\partial x}\bigg|_N \tag{23}$$

wird dann

$$
\begin{aligned}
0 &= \left.\frac{\partial \Omega}{\partial x}\right|_N + p_N\,(x - x_N) + r_N\,(y - y_N) + \ldots \\[2mm]
0 &= \left.\frac{\partial \Omega}{\partial y}\right|_N + r_N\,(x - x_N) + q_N\,(y - y_N) + \ldots
\end{aligned}
\tag{24}
$$

Da x_N und y_N Näherungswerte für die wahren Ortskoordinaten x, y sind, sind die Größen $(x - x_N)$ und $(y - y_N)$ klein und man kann die höheren Potenzen vernachlässigen. Ist ferner die Determinante $p_N \cdot q_N -$ $- r_N{}^2$ von Null verschieden, so kann man nach $(x - x_N)$ und $(y - y_N)$ auflösen und erhält:

$$
\left.
\begin{aligned}
(x - x_N) &= -\frac{\left.\dfrac{\partial \Omega}{\partial x}\right|_N \cdot q_N - \left.\dfrac{\partial \Omega}{\partial y}\right|_N \cdot r_N}{p_N\, q_N - r_N{}^2}\,, \\[4mm]
(y - y_N) &= -\frac{\left.\dfrac{\partial \Omega}{\partial x}\right|_N \cdot r_N - \left.\dfrac{\partial \Omega}{\partial y}\right|_N \cdot p_N}{p_N\, q_N - r_N{}^2}
\end{aligned}
\right\}
\tag{25}
$$

Alle auf den rechten Seiten von (25) stehenden Größen können aus x_N, y_N berechnet werden. Mit Hilfe von (25) bekommt man einen neuen, besseren Wert für die Koordinaten des Librationspunktes, mit dem man das Verfahren wiederholen kann usw., bis zur gewünschten Genauigkeit. Es zeigte sich, daß im allgemeinen schon zwei Schritte genügten, um die vierte Dezimale nach dem Komma sicher zu bekommen. Gleichzeitig erhält man auch ausreichend genaue Werte für die Jacobische Konstante C und für die zweiten Ableitungen

$$
\frac{\partial^2 \Omega}{\partial x^2} = p, \quad \frac{\partial^2 \Omega}{\partial x\, \partial y} = \frac{\partial^2 \Omega}{\partial y\, \partial x} = r, \quad \frac{\partial^2 \Omega}{\partial y^2} = q
\tag{26}
$$

am Librationspunkt selbst. Diese Größen spielen eine wesentliche Rolle beim Verhalten der Hillschen Grenzkurven in der Nähe des Librationspunktes und bei Stabilitätsfragen (siehe Abschnitte 6 b und 6 c).

Der erste Näherungswert wurde meist mit Hilfe der gezeichneten Grenzkurven geschätzt. Ist nun eine Masse sehr klein gegen die beiden anderen, so verlaufen die Grenzkurven derart, daß die Schätzung des Ortes mancher Librationspunkte unsicher wird. Gerade in diesen

Fällen lassen sich jedoch auf anderem Wege gute Näherungswerte
finden. Ist nämlich eine Masse sehr klein, so kann man sie bei der
Berechnung des ersten Näherungswertes ganz vernachlässigen. Dann hat
man ein gewöhnliches „problème restreint" vor sich, und für dieses sind
die Orte der Librationspunkte leicht zu ermitteln[1]. Einen noch besseren
Näherungswert erhält man, wenn man die kleine Masse als differentielle
Größe ansieht. Das soll im folgenden Unterabschnitt dargelegt werden.

c) Die Verschiebungen der Librationspunkte bei kleinen Massenänderungen

Wie schon erwähnt, hat P. Pedersen die Bewegung des Schwerpunktes in Abhängigkeit von der Bewegung der Librationspunkte
auf numerischem Wege ausführlich untersucht und beschrieben. Damit ist auch das umgekehrte Problem, die Ortsveränderung der
Librationspunkte bei einer Bewegung des Schwerpunktes bzw. bei
Variation der Massenwerte m_i grundsätzlich gelöst. — Hier soll jedoch
nur die Verschiebung der Librationspunkte bei differentiell kleinen
Massenänderungen in zwei Spezialfällen behandelt werden, weil die
dabei erzielten Ergebnisse bei der Berechnung der Librationspunkte
Anwendung gefunden haben.

Wir gehen wieder aus von den Gleichungen (21), in denen wir
zur Abkürzung noch $\varrho_i = \dfrac{\sqrt{3}}{r_i}$ setzen:

$$\left.\begin{aligned}
\frac{\partial \Omega}{\partial x} &= \sum_{i=1}^{3} m_i (x - x_i)[1 - \varrho_i^3] = 0 \\[2mm]
\frac{\partial \Omega}{\partial y} &= \sum_{i=1}^{3} m_i (y - y_i)[1 - \varrho_i^3] = 0
\end{aligned}\right\} \tag{21a}$$

Daraus folgt durch Differentiation, wenn man auch die m_i als variabel
auffaßt:

$$\left.\begin{aligned}
\frac{\partial^2 \Omega}{\partial x^2}\,dx + \frac{\partial^2 \Omega}{\partial x\,\partial y}\,dy + \sum_{i=1}^{3}\frac{\partial^2 \Omega}{\partial x\,\partial m_i}\,dm_i &= 0 \\[2mm]
\frac{\partial^2 \Omega}{\partial y\,\partial x}\,dx + \frac{\partial^2 \Omega}{\partial y^2}\,dy + \sum_{i=1}^{3}\frac{\partial^2 \Omega}{\partial y\,\partial m_i}\,dm_i &= 0 \\[2mm]
\sum_{i=1}^{3} dm_i &= 0
\end{aligned}\right\} \tag{27}$$

und zusätzlich

---

[1] Z. B. mit Hilfe der Näherungen in Charlier, Mechanik des Himmels. II,
S. 107—115.

weil die Massensumme konstant ist. Die Ausführung der Differentiation ergibt wegen

$$\frac{\partial(\rho_i{}^3)}{\partial x} = 3\,\rho_i{}^2\frac{\partial\,\rho_i}{\partial\,r_i}\cdot\frac{\partial\,r_i}{\partial x} = 3\,\rho_i{}^2\frac{(-\sqrt{3})}{r_i{}^2}\frac{(x-x_i)}{r_i} = -\,\rho_i{}^2\frac{3\,\sqrt{3}}{r_i{}^3}(x-x_i) =$$

$$= -\,\rho^5{}_i\,(x-x_i)$$

$$\frac{\partial(\rho_i{}^3)}{\partial y} = -\,\rho_i{}^5\,(y-y_i):$$

und entsprechend

$$\left.\begin{aligned}\frac{\partial^2\Omega}{\partial x^2} &= \sum_{i=1}^{3} m_i\left[1-\rho_i{}^3+(x-x_i)^2\,\rho_i{}^5\right] = p\\[2mm]\frac{\partial^2\Omega}{\partial x\,\partial y} &= \sum_{i=1}^{3} m_i\,(x-x_i)\,(y-y_i)\,\rho_i{}^5 \qquad = r\\[2mm]\frac{\partial^2\Omega}{\partial y^2} &= \sum_{i=1}^{3} m_i\left[1-\rho_i{}^3+(y-y_i)^2\,\rho_i{}^5\right] = q\end{aligned}\right\} \qquad (28)$$

Damit lauten die Gleichungen (27):

$$\left.\begin{aligned}p\,dx+r\,dy &= -\sum_{i=1}^{3}(x-x_i)\left[1-\rho_i{}^3\right]d\,m_i\\[2mm]r\,dx+q\,dy &= -\sum_{i=1}^{3}(y-y_i)\left[1-\rho_i{}^3\right]d\,m_i\\[2mm]\sum_{i=1}^{3}d\,m_i &= 0\end{aligned}\right\} \qquad (29)$$

Die Beziehungen (29) zwischen den Massenänderungen $d\,m_i$ und den Koordinatenänderungen dx, dy gelten für alle Librationspunkte und jedes rechtwinkelige Koordinatensystem, allerdings nur so lange, als es sich bei den dx, dy und $d\,m_i$ um kleine Größen handelt.

α) *Änderung der Lage der Librationspunkte, wenn im „problème restreint" eine kleine dritte Masse $d\,m_3$ hinzutritt.* Es soll nun zuerst der Spezialfall untersucht werden, wo m_3 Null ist, also das gewöhnliche „problème restreint" vorliegt. Dann existieren die fünf Lagrangeschen Librationspunkte, von denen sich drei auf der Verbindungsgeraden von m_1 nach m_2, die anderen beiden in den Eckpunkten der über der Seite $\overline{m_1\,m_2}$ errichteten gleichseitigen Dreiecke befinden. Legen wir nun nicht die für das „problème restreint" übliche Bezeichnungsweise von Lagrange, sondern die von M. Lindow für das eingeschränkte Vierkörperproblem eingeführte Bezeichnungsweise zugrunde, und wenden diese auf den Fall $m_3 = 0$ an, so tragen die drei auf der Verbindungsgeraden von m_1 nach m_2 liegenden Librationspunkte die Bezeichnungen L_1, L_2, L_5. Von den beiden übrigen Librationspunkten, welche sich in den Eckpunkten der gleichseitigen Dreiecke befinden, werde der eine wie bei Lindow mit L_3, der andere mit L_n bezeichnet. Letzterer teilt sich bei der Einführung der dritten Masse, welche an seine Stelle tritt, in die vier neuen Librationspunkte L_6, L_7, L_8, L_9 auf.

Es interessiert nun die Frage, wie die Librationspunkte ihre Lage verändern, wenn zum gewöhnlichen „problème restreint" eine kleine dritte Masse dm_3 im Punkt L_n hinzutritt, natürlich auf Kosten der beiden anderen Massen m_1 und m_2, da die Massensumme ja konstant gleich 1 bleiben muß. Das kann etwa in der Weise geschehen, daß m_1 konstant bleibt und m_2 um $dm_2 = -dm_3$ abnimmt oder umgekehrt ($dm_1 = -dm_3$) oder so, daß $dm_1 = -m_1 \cdot dm_3$ und $dm_2 = -m_2 \cdot dm_3$ ist, also unter Konstanthaltung des Verhältnisses $\dfrac{m_2}{m_1}$.

In jedem Falle wird es bequem sein, das Koordinatensystem folgendermaßen zu wählen:

Ursprung: in m_1

positive u-Achse: von m_1 nach m_2 zeigend

v-Achse: senkrecht dazu.

In diesem System ist

$$\left.\begin{aligned}
u_1 &= 0 \quad u_2 = +\sqrt{3} \quad u_3 = +\frac{\sqrt{3}}{2} \\
v_1 &= 0 \quad v_2 = 0 \quad\quad\; v_3 = +\frac{3}{2}
\end{aligned}\right\} \tag{30}$$

Betrachten wir nun zunächst die Librationspunkte L_1, L_2 und L_5, welche auf der u-Achse liegen, so ergibt sich für die Größen p, q, r, wenn m_3 Null gesetzt und statt x, y jetzt u, v geschrieben wird:

$$\left.\begin{aligned}
p &= m_1 \left(1 + 2\,\rho_1{}^3\right) + m_2 \left(1 + 2\,\rho_2{}^3\right) \\
q &= m_1 \left(1 - \rho_1{}^3\right) \;\; + m_2 \left(1 - \rho_2{}^3\right) \\
r &= 0
\end{aligned}\right\} \tag{31}$$

Einsetzen von (31) in (29) ergibt

$$\left.\begin{aligned}
p\,d\,u &= -\sum_{i=1}^{3} (u-u_i)\,[1-\rho_i{}^3]\,d\,m_i \\
q\,d\,v &= -\sum_{i=1}^{3} (v-v_i)\,[1-\rho_i{}^3]\,d\,m_i \\
\sum_{i=1}^{3} d\,m_i &= 0
\end{aligned}\right\} \qquad (32)$$

Wird die Forderung $\sum_{i=1}^{3} d\,m_i = 0$ dadurch befriedigt, daß $d m_1 = 0$ und $d m_2 = -\,d m_3$ gesetzt wird, so erhält man

$$\left.\begin{aligned}
d\,u &= \frac{\left(u-\sqrt{3}\right)(1-\rho_2{}^3)-\left(u-\dfrac{\sqrt{3}}{2}\right)(1-\rho_3{}^3)}{m_1\,(1+2\,\rho_1{}^3)+m_2\,(1+2\,\rho_2{}^3)}\cdot d\,m_3 \\[2ex]
d\,v &= \frac{v\,(1-\rho_2{}^3)-\left(v-\dfrac{3}{2}\right)(1-\rho_3{}^3)}{m_1\,(1-\rho_1{}^3)+m_2\,(1-\rho_2{}^3)}\,d\,m_3
\end{aligned}\right\} \qquad (33\,\text{a})$$

Erfüllt man aber die Forderung $\sum_{i=1}^{3} d\,m_i = 0$ durch die Beziehungen $d m_1 = -\,m_1\cdot d m_3$, $d m_2 = -\,m_2\cdot d m_3$, so ergibt sich

$$d\,u = \frac{m_1\,(u-u_1)\,(1-\rho_1{}^3)+m_2\,(u-u_2)\,(1-\rho_2{}^3)-\left(u-\dfrac{\sqrt{3}}{2}\right)(1-\rho_3{}^3)}{m_1\,(1+2\,\rho_1{}^3)+m_2\,(1+2\,\rho_2{}^3)}\,d\,m_3$$

$$d\,v = \frac{m_1\,(v-v_1)\,(1-\rho_1{}^3)+m_2\,(v-v_2)\,(1-\rho_2{}^3)-\left(v-\dfrac{3}{2}\right)(1-\rho_3{}^3)}{m_1\,(1-\rho_1{}^3)+m_5\,(1-\rho_2{}^3)}\,d\,m_3$$

Das läßt sich noch vereinfachen: Die ersten beiden Summanden in den Zählern sind zusammen jeweils Null, wie ein Vergleich mit Gleichung (27 zeigt, in der nur die x, y durch die u, v zu ersetzen sind und $m_3 = 0$ z) setzen ist. Dann wird wegen $v = 0$

$$\left. \begin{aligned}
d\,u &= -\frac{\left(u - \dfrac{\sqrt{3}}{2}\right)(1 - \rho_3{}^3)}{m_1(1 + 2\,\rho_1{}^3) + m_2(1 + 2\,\rho_2{}^3)}\,d\,m_3 \\[2ex]
d\,v &= +\frac{\dfrac{3}{2}(1 - \rho_3{}^3)}{m_1(1 - \rho_1{}^3) + m_2(1 - \rho_2{}^3)}\,d\,m_3
\end{aligned} \right\} \qquad (33\,\mathrm{b})$$

Ist z. B. $m_1 = m_2 = 0{,}5$, so liegt L_1 genau in der Mitte zwischen m_1 und m_2, also $u = +\dfrac{\sqrt{3}}{2}$. Ferner ist $\rho_1 = \rho_2 = 2$, $\rho_3 = \dfrac{2}{3}\sqrt{3}$ und somit

$$d\,u = 0 \quad\text{und}\quad d\,v = \frac{3}{2}\left[\frac{1 - \dfrac{8}{9}\sqrt{3}}{-7}\right] d\,m_3 = +\,0{,}1157\,d\,m_3$$

L_1 verschiebt sich also beim Hinzutreten einer kleinen dritten Masse ein wenig in Richtung auf diese zu.

Um die Verschiebung des Punktes L_3 zu ermitteln, bedienen wir uns wieder des $u,\,v$-Koordinatensystems, doch sind nun folgende Werte einzusetzen:

$$\left. \begin{aligned}
u &= +\frac{\sqrt{3}}{2}, \quad \rho_1 = 1, \quad \rho_2 = 1, \quad \rho_3 = \frac{\sqrt{3}}{3} \\[2ex]
v &= -\frac{3}{2}, \quad p = +\frac{3}{4}, \quad q = +\frac{9}{4}, \quad r = -\frac{3\sqrt{3}}{4}(m_1 - m_2)
\end{aligned} \right\} \qquad (34)$$

Die Determinante von (29),

$$p\,q - r^2 = \frac{27}{16} - \frac{27}{16}(m_1 - m_2)^2$$

oder

$$p\,q - r^2 = \frac{27}{16}\left[(m_1 + m_2)^2 - (m_1 - m_2)^2\right] = \frac{27}{16}\cdot 4\,m_1 m_2 = \frac{27}{4}\,m_1 m_2$$

ist von Null verschieden. Die Auflösung nach $d\,u$ und $d\,v$ liefert:

$$\left. \begin{aligned}
d\,u &= +\frac{m_1 - m_2}{27\,m_1 m_2}\sqrt{3}\,[9 - \sqrt{3}]\,d\,m_3 \\[2ex]
d\,v &= +\frac{1}{27\,m_1 m_2}\,[9 - \sqrt{3}]\,d\,m_3
\end{aligned} \right\} \qquad (35)$$

Dabei ist es gleichgültig, in welcher Weise m_1 und m_2 verändert werden, wenn nur $\sum\limits_{i=1}^{3} d\,m_i = 0$ ist. L_3 bewegt sich also beim Hinzutreten der dritten Masse auf das Massendreieck zu $[v\,(L_3) < 0,\ dv > 0]$.

Das Verhalten der übrigen Librationspunkte L_6, L_7, L_8 und L_9 muß auf andere Weise untersucht werden, weil L_n ein singulärer Punkt der Funktion Ω ist und die Gleichungen (29), welche die zweiten Ableitungen an diesem Punkt enthalten, nicht anwendbar sind. Den Ausgangspunkt bilden wieder die Gleichungen (21). Sie sind im Punkte L_n erfüllt, solange $m_3 = 0$ ist. Bringt man nun in L_n eine sehr kleine dritte Masse m_3 an, so wachsen aus ihm die vier neuen Librationspunkte L_6, L_7, L_8, L_9 heraus, für welche dann ebenfalls Gleichungen (21) gültig sein müssen. Bei sehr kleinem m_3 werden sich aber diese neuen vier Punkte noch in nächster Umgebung von m_3 befinden. Man kann daher, wenn man wieder das Koordinatensystem u, v benutzt, setzen:

$$\left.\begin{array}{lll} u - u_3 = r_3 \cos \varphi, & u - u_1 = +\dfrac{\sqrt{3}}{2} + \cdots, & u - u_2 = -\dfrac{\sqrt{3}}{2} + \cdots, \\[2mm] v - v_3 = r_3 \sin \varphi, & v - v_1 = +\dfrac{3}{2} + \cdots, & v - v_2 = +\dfrac{3}{2} + \cdots \end{array}\right\} \quad (36)$$

Die höheren Glieder können in erster Näherung vernachlässigt werden, jedoch nicht bei den ρ_i, da ρ_1 und ρ_2 nahe 1 sind und in (21) die Differenz $1 - \rho_i{}^3$ eingeht. Entwickelt man $\rho_1{}^3$ und $\rho_2{}^3$ nach Potenzen von r_3 und vernachlässigt Glieder zweiter und höherer Ordnung, so erhält man:

$$\left.\begin{array}{l} \rho_1{}^3 = 1 - \dfrac{3}{2} r_3 \left(\dfrac{\sqrt{3}}{3} \cos \varphi + \sin \varphi\right) + \cdots \\[4mm] \rho_2{}^3 = 1 - \dfrac{3}{2} r_3 \left(-\dfrac{\sqrt{3}}{3} \cos \varphi + \sin \varphi\right) + \cdots \end{array}\right\} \quad (37)$$

Setzt man (36) und (37) in (21) ein, so bekommt man:

$$\left.\begin{array}{l} m_1 \dfrac{\sqrt{3}}{2} \dfrac{3}{2} r_3 \left(\dfrac{\sqrt{3}}{3} \cos \varphi + \sin \varphi\right) + \\[4mm] + m_2 \dfrac{(-\sqrt{3})}{2} \cdot \dfrac{3}{2} r_3 \left(-\dfrac{\sqrt{3}}{3} \cos \varphi + \sin \varphi\right) + m_3 r_3 \cos \varphi \left(1 - \dfrac{3\sqrt{3}}{r_3{}^3}\right) = 0 \\[4mm] m_1 \dfrac{3}{2} \cdot \dfrac{3}{2} r_3 \left(\dfrac{\sqrt{3}}{3} \cos \varphi + \sin \varphi\right) + \\[4mm] + m_2 \dfrac{3}{2} \cdot \dfrac{3}{2} r_3 \left(-\dfrac{\sqrt{3}}{3} \cos \varphi + \sin \varphi\right) + m_3 r_3 \sin \varphi \left(1 - \dfrac{3\sqrt{3}}{r_3{}^3}\right) = 0 \end{array}\right\} \quad (38)$$

Im letzten Glied kann auch noch die 1 gegenüber $\dfrac{3\sqrt{3}}{r_3{}^3}$ vernachlässigt werden. Dann folgt nach Kürzung mit $\dfrac{3}{4}\,r_3$ und anderer Zusammenfassung:

$$\left.\begin{aligned}(m_1 + m_2)\cos\varphi + (m_1 - m_2)\sqrt{3}\,\sin\varphi &= \frac{4\sqrt{3}}{r_3{}^3}\,m_3\cos\varphi \;\Big\|-\sin\varphi\;\Big|+\cos\varphi\\[2mm](m_1 - m_2)\sqrt{3}\,\cos\varphi + (m_1 + m_2)\cdot 3\sin\varphi &= \frac{4\sqrt{3}}{r_3{}^3}\,m_3\sin\varphi \;\Big\|+\cos\varphi\;\Big|-\sin\varphi\end{aligned}\right\}(39)$$

Bringt man die nach dem Doppelstrich angegebenen Multiplikatoren an und addiert, so erhält man:

$$\left.\begin{aligned}\sqrt{3}\,(m_1 - m_2)(\cos^2\varphi - \sin^2\varphi) + (m_1 + m_2)\cdot 2\sin\varphi\cos\varphi &= 0\\[2mm](m_1 + m_2)(\cos^2\varphi - 3\sin^2)\,\varphi &= \frac{4\sqrt{3}}{r_3{}^3}\,m_3(\cos^2\varphi - \sin^2\varphi)\end{aligned}\right\}(40)$$

oder

$$\left.\begin{aligned}\sqrt{3}\,(m_1 - m_2)\cos 2\varphi + (m_1 + m_2)\sin 2\varphi &= 0\\[2mm](m_1 + m_2)(2\cos 2\varphi - 1) &= \frac{4\sqrt{3}}{r_3{}^3}\,m_3\cos 2\varphi\end{aligned}\right\}(41)$$

Bedenkt man noch, daß $m_1 + m_2$ bei sehr kleinem m_3 in erster Näherung gleich 1 gesetzt werden kann, so findet man schließlich:

$$\left.\begin{aligned}\operatorname{tg} 2\varphi &= -\sqrt{3}\,(m_1 - m_2)\\[2mm]r_3 &= \sqrt[3]{\frac{4\sqrt{3}\cos 2\varphi}{2\cos 2\varphi - 1}\,m_3}\end{aligned}\right\}(42)$$

Die erste Gleichung (42) wird außer durch φ auch noch durch $\varphi + 90°$, $\varphi + 180°$, $\varphi + 270°$ befriedigt. Sie hat also vier Lösungen, entsprechend den vier Librationspunkten L_6, L_7, L_8, L_9. Aus den Gleichungen (42) geht hervor, da r_3 stets positiv und $|\operatorname{tg} 2\varphi| \leqq \sqrt{3}$ sein muß, daß es nur in gewissen Winkelbereichen Lösungen gibt, nämlich für

$$\left.\begin{aligned}330° &\leqq \varphi \leqq 30°\\[1mm]60° &\leqq \varphi \leqq 120°\\[1mm]150° &\leqq \varphi \leqq 210°\\[1mm]240° &\leqq \varphi \leqq 300°\end{aligned}\right\}(43)$$

Zum gleichen Ergebnis kommt P. Pedersen (Publ. Kopenhagen 137, S. 26 ff.), wenn man bedenkt, daß φ dort anders definiert (um 90° phasenverschoben) ist.

Die Gleichungen (33 b), (35) und (42) wurden zur Berechnung erster Näherungswerte der Koordinaten der Librationspunkte angewendet, wenn m_3 klein war gegen m_1 und m_2. Insbesondere ist die Gleichung (42) nur bei sehr kleinen m_3 brauchbar, da r_3 wegen $r_3 \sim \sqrt[3]{m_3}$ immer noch relativ groß ist.

$\beta)$ *Der Spezialfall drei gleicher Massen.* Die Orte der Librationspunkte bei gleichen Massen m_i sind von M. Lindow [1] berechnet worden. Hier soll die Verschiebung bestimmt werden, welche die Librationspunkte bei geringfügigen Abweichungen der m_i von $\dfrac{1}{3}$ erleiden. Für L_0, welcher bei Massengleichheit ebenso wie der Schwerpunkt im Dreiecksmittelpunkt liegt, findet Pedersen [6], daß sich L_0 in entgegengesetzter Richtung verschiebt wie der Schwerpunkt, und zwar um den $\dfrac{52}{29 + 9\sqrt{3}}$-fachen Betrag. Rechnet man das auf die Massenänderung um, so erhält man:

$$\left.\begin{aligned} d r &= + \frac{52\sqrt{3}}{29 + 9\sqrt{3}}\ \sqrt{-d m_1\, d m_2 - d m_2\, d m_3 - d m_3\, d m_1} \\[2mm] \operatorname{tg}\varphi &= + \frac{\sqrt{3}}{3}\cdot\frac{d m_2 - d m_3}{d m_1} \end{aligned}\right\} \quad (44)$$

Für L_4 ergibt sich nach Gleichung (28), wenn man ein Koordinatensystem zugrunde legt, dessen Ursprung im Dreiecksmittelpunkt liegt und dessen x-Achse auf m_1 zeigt:

$$p = -2,8753, \quad q = +10,7432, \quad r = 0.$$

Einsetzen in (29) ergibt

$$d x = + 0,6184\, d m_1$$
$$d y = - 0,5548\,(d m_2 - d m_3)$$

oder in Polarkoordinaten (Zentrum = Dreiecksmittelpunkt, Nullrichtung = positive x-Achse):

$$dr = - 0{,}6184 \, dm_1$$
$$d\varphi = + 76° . 807 \, (dm_2 - dm_3)$$

(45)

Die Gleichungen (45) sind aus Symmetriegründen auch auf L_1 und L_7 anwendbar, wenn man die m_i zyklisch miteinander vertauscht.

Für alle übrigen Librationspunkte erhält man dr und $d\varphi$ in gleicher Weise. Die Ergebnisse sind in Tabelle 2 zusammengestellt:

Tabelle 2

	L_1	L_2	L_3
$dr =$	$- 0{,}6184 \, dm_3$	$+ 1{,}2854 \, dm_1$	$- 1{,}2342 \, dm_3$
$d\varphi =$	$+ 76°807 \, (dm_1 - dm_2)$	$- 27°524 \, (dm_2 - dm_3)$	$+ 24°182 \, (dm_1 - dm_2)$
	L_4	L_5	L_6
$dr =$	$- 0{,}6184 \, dm_1$	$+ 1{,}2854 \, dm_2$	$- 1{,}2342 \, dm_1$
$d\varphi =$	$+ 76°807 \, (dm_2 - dm_3)$	$- 27°524 \, (dm_3 - dm_1)$	$+ 24°182 \, (dm_2 - dm_3)$
	L_7	L_8	L_9
$dr =$	$- 0{,}6184 \, dm_2$	$+ 1{,}2854 \, dm_3$	$- 1{,}2342 \, dm_2$
$d\varphi =$	$+ 76°807 \, (dm_3 - dm_1)$	$- 27°524 \, (dm_1 - dm_2)$	$+ 24°182 \, (dm_3 - dm_1)$

d) Die Veränderung der Jacobischen Konstante

Bei der Variation der Massen m_i werden sich nicht nur die Orte der Librationspunkte, sondern auch ihre C-Werte verändern. Um den Zuwachs von $C = 2\,\Omega$ für kleine Massenänderungen Δm_i zu bestimmen, entwickeln wir die Funktion Ω am Librationspunkt in eine Taylorreihe und brechen nach dem quadratischen Glied ab. Hat Ω am Librationspunkt für eine bestimmte Massenkombination (m_1, m_2, m_3) den Wert Ω_0, so gilt für eine etwas anders gewählte Massenkombination $(m_1 + \Delta m_1, m_2 + \Delta m_2, m_3 + \Delta m_3)$:

$$\Omega = \Omega_0 + \frac{\partial \Omega}{\partial x} \Delta x + \frac{\partial \Omega}{\partial y} \Delta y + \sum_{i=1}^{3} \frac{\partial \Omega}{\partial m_i} \Delta m_i + \frac{1}{2} \frac{\partial^2 \Omega}{\partial x^2} (\Delta x)^2 +$$
$$+ \frac{1}{2} \frac{\partial^2 \Omega}{\partial y^2} (\Delta y)^2 + \frac{\partial^2 \Omega}{\partial x \, \partial y} \Delta x \, \Delta y + \sum_{i=1}^{3} \frac{\partial^2 \Omega}{\partial x \, \partial m_i} \Delta x \, \Delta m_i +$$
$$+ \sum_{i=1}^{3} \frac{\partial^2 \Omega}{\partial y \, \partial m_i} \Delta y \, \Delta m_i + \frac{1}{2} \sum_{i,k=1}^{3} \frac{\partial^2 \Omega}{\partial m_i \, \partial m_k} \Delta m_i \, \Delta m_k + \cdots$$

(46)

Hierbei sind die Verschiebungen Δx, Δy, Δm_i nicht von einander unabhängig, weil die Gleichungen (21) und die Bedingung $\sum\limits_{i=1}^{3} \Delta m_i = 0$ bestehen.

Die partiellen Ableitungen $\dfrac{\partial \Omega}{\partial x}$ und $\dfrac{\partial \Omega}{\partial y}$ sind am Librationspunkt gleich Null, ebenso alle zweiten Ableitungen nach den m_i. Mit den Abkürzungen p, q, r für die zweiten Ableitungen nach x und y ergibt sich:

$$\left.\begin{aligned}
\Omega - \Omega_0 = {}& \sum_{i=1}^{3} \frac{\partial \Omega}{\partial m_i} \Delta m_i + \frac{1}{2} p\,(\Delta x)^2 + \frac{1}{2} q\,(\Delta y)^2 + r\,\Delta x\,\Delta y + \\
& + \sum_{i=1}^{3} \frac{\partial^2 \Omega}{\partial x\,\partial m_i} \Delta x\,\Delta m_i + \sum_{i=1}^{3} \frac{\partial^2 \Omega}{\partial y\,\partial m_i} \Delta y\,\Delta m_i
\end{aligned}\right\} \quad (47)$$

Aus den Gleichungen (27) erhält man durch Multiplikation mit Δx bzw. Δy:

$$\left.\begin{aligned}
\sum_{i=1}^{3} \frac{\partial^2 \Omega}{\partial x\,\partial m_i} \Delta m_i\,\Delta x &= -p\,(\Delta x)^2 - r\,\Delta x\,\Delta y \\
\sum_{i=1}^{3} \frac{\partial^2 m}{\partial y\,\partial m_i} \Delta m_i\,\Delta y &= -r\,\Delta x\,\Delta y - q\,(\Delta y)^2
\end{aligned}\right\} \quad (48)$$

Wird (48) in (47) eingesetzt und setzt man

$$\frac{\partial \Omega}{\partial m_i} = \frac{1}{2}\left(r_i{}^2 + 6\,\frac{\sqrt{3}}{r_i}\right) = \frac{1}{2} K_i,$$

so erhält man schließlich

$$2\,(\Omega - \Omega_0) = \Delta C = \sum_{i=1}^{3} K_i\,\Delta m_i - p\,(\Delta x)^2 - q\,(\Delta y)^2 - 2\,r\,\Delta x\,\Delta y + \cdots \quad (49)$$

Gleichung (49) wurde für die praktische Berechnung der C-Werte bei den Librationspunkten L_1, L_2, L_3, L_5 verwendet, wenn m_3 sehr klein war.

Für den Librationspunkt L_3 wird (49) besonders einfach. Wegen $r_1 = r_2 = \sqrt{3}$, $r_3 = 3$ wird $K_1 = 9$, $K_2 = 9$, $K_3 = 9 + 2 \cdot \sqrt{3}$, also

$$\sum_{i=1}^{3} K_i\,\Delta m_i = 9 \sum_{i=1}^{3} \Delta m_i + 2\sqrt{3}\,\Delta m_3 = 2\sqrt{3}\,\Delta m_3$$

Die quadratischen Glieder heben sich gegenseitig auf, wie man leicht erkennt, wenn man wieder das auf Seite 19 definierte u, v-Koor dinatensystem benutzt und für p, q, r, du, dv die in den Gleichungen (34) und (35) gegebenen Ausdrücke einsetzt. Es gilt also für L_3:

$$\Delta C = 2 \sqrt{3}\, \Delta m_3 + \text{Glieder dritter und höherer Ordnung.} \qquad (49\,\text{a})$$

II. Diskussion der berechneten Hillschen Grenzkurven und weitere Folgerungen

5. Die Bewegungsmöglichkeiten der infinitesimalen Masse unter Berücksichtigung der Variation der endlichen Massen m_i

a) Die durch das Jacobische Integral bedingte Einschränkung der Bewegungsmöglichkeiten

Das Jacobische Integral

$$V^2 = 2\,\Omega\,(x, y) - C \qquad (11)$$

stellt eine Beziehung zwischen Ort (x, y) und Geschwindigkeit V der infinitesimalen Masse dar. Die Funktion $2\,\Omega\,(x, y)$ hängt außer von den Koordinaten (x, y) auch von den Massenwerten m_i ab und hat den unteren Grenzwert 9. Die Jacobische Konstante C ist durch die Anfangslage (x_0, y_0) und die Anfangsgeschwindigkeit V_0 des infinitesimalen Körpers bestimmt:

$$C = 2\,\Omega\,(x_0, y_0) - V_0^2 \qquad (50)$$

Sie kann daher je nach Wahl der Anfangsbedingungen beliebige, endliche, bei großem V_0 auch negative Werte besitzen. Die Gleichung (11) ist jedoch nur erfüllbar, wenn

$$C \leqq 2\,\Omega \qquad (51)$$

ist. Für $C < 9$ ist (51) in der ganzen xy-Ebene erfüllt, denn nach (14) ist $2\,\Omega$ stets größer als 9. Die infinitesimale Masse kann dann an jeden Ort der ganzen xy-Ebene hingelangen.

Ergibt sich jedoch aus den Anfangsbedingungen ein größerer Wert für C, so ist (51) nicht mehr überall erfüllt und die Bewegung der infinitesimalen Masse kann nur in gewissen Teilgebieten der xy-Ebene stattfinden, nämlich nur dort, wo $2\,\Omega\,(x, y)$ größer ist als C.

Die Grenzen dieser Teilgebiete werden durch die zu C gehörigen Hillschen Grenzkurven gebildet. Form und Größe der für die Bewegung der infinitesimalen Masse möglichen bzw. unmöglichen Gebiete hängen

von der Jacobischen Konstante C und von den Werten der endlichen
Massen m_i ab.

Da die Funktion

$$2\,\Omega = \sum_{i=1}^{3} m_i \left(r_i{}^2 + \frac{6\,\sqrt{3}}{r_i} \right)$$

sowohl bei beliebig großer Entfernung als auch bei beliebiger Annäherung
an die endlichen Massen gegen „unendlich" geht, ist in diesen Fällen die
Bedingung (51) immer erfüllt. Es existieren also immer solche Gebiete,
in welchen sich die infinitesimale Masse bewegen kann, und zwar sind
dies die Umgebungen der drei endlichen Massen und ein weiteres Gebiet,
welches je nach dem Wert der Jacobischen Konstante in mehr oder
weniger großem Abstand vom Massendreieck beginnt und bis ins Unendliche reicht.

Dieser Sachverhalt ist auch verständlich auf Grund der Über-
legung, daß in großer Nähe einer der drei endlichen Massen die Gravi-
tationswirkungen der beiden anderen relativ gering sind und daher
gestörte, ellipsenähnliche Bahnen der infinitesimalen Masse möglich
sind. Ähnliches gilt für große Entfernungen vom Massendreieck, wo
die drei Massen ungefähr so wie eine einzige, im Schwerpunkt vereinigte
Masse wirken.

Allgemein läßt sich daher sagen, daß alle Gebiete, welche von
einer Hillschen Grenzkurve begrenzt werden und eine der drei endlichen Massen enthalten, für die Bewegung der infinitesimalen Masse
möglich sind, wenn letztere die der betreffenden Grenzkurve zuge-
ordnete Jacobische Konstante besitzt. Das gleiche gilt für das äußere
Gebiet, welches das Massendreieck nicht enthält und nach innen zu von
einer (außerhalb des Massendreiecks verlaufenden) Grenzkurve, nach
außen aber überhaupt nicht begrenzt wird, also bis ins Unendliche reicht.
Umgekehrt sind die von einer Hillschen Grenzkurve umrandeten Gebiete um die Librationspunkte L_3, L_6 und L_9 für die infinitesimale Masse
bei der entsprechenden Jacobischen Konstante unzugänglich.

b) Einzelbetrachtungen der Tafeln 1 bis 7.2

Die Tafeln 1 bis 7.2 geben einen Überblick über den Verlauf der
berechneten Hillschen Grenzkurven bei den gewählten, verschiedenen
Kombinationen der m_i.

Die Punkte m_1, m_2, m_3 bezeichnen die Orte der endlichen Massen, von denen m_1 am größten, m_3 am kleinsten ist. Das senkrechte Kreuz stellt den Schwerpunkt des Systems dar. In den Tafeln 6.0 bis 7.2 fehlt das Kreuz, da dort der Schwerpunkt nahezu mit m_1 zusammenfällt. Die Librationspunkte sind mit den Lindowschen Bezeichnungen L_0, L_1, ... L_9 als kleine, leere Kreise eingetragen. Die Kurven sind mit Zahlen gekennzeichnet, welche den Wert der zugehörigen Jacobischen Konstante C angeben. Um die Übersicht zu erhöhen, sind die Kurven $C = 10$, 9.1, 9.01, ... dicker gezeichnet. Wo es nötig schien, wurden auch noch die Zwischenwerte, etwa $C = 11{,}5$, eingefügt und als gestrichelte Kurven gezeichnet. Auch die durch die Librationspunkte gehenden Grenzkurven wurden, soweit es möglich war, durch punktierte Linien angedeutet.

Tafel 1   stellt den bekannten Fall (vgl. Lindow [1]) dar, wo $m_1 = = m_2 = m_3$ ist.

Tafel 2   Hier überwiegt geringfügig m_1. Auch die Grenzkurven haben sich gegenüber Tafel 1 nur wenig verändert, nur die gestrichelte Kurve $C = 11{.}5$ um L_0 zeigt eine deutliche Abweichung.

Gruppe 3   (Tafeln 3.0 bis 3.2; $m = 0{,}4$, $m_2 + m_3 = 0{,}6$). Das in 3.0 noch zusammenhängende, von der gestrichelten Grenzkurve $C = 11.5$ umrandete, die drei endlichen Massen umschließende Gebiet ist in 3.1 und 3.2 in zwei Teile gespalten. Der eine umschließt die beiden größeren Massen m_1 und m_2, der andere die kleinste Masse m_3. Umgekehrt sind die in 3.0 und 3.1 noch getrennten, von der Kurve $C = 12$ umrandeten Gebiete um m_1 und m_2 in 3.2 zusammengeflossen. Das von der Kurve $C = 10$ umschlossene Gebiet um L_3 vergrößert sich von Tafel 3.0 bis 3.2, während das entsprechende um L_9 schrumpft.

Gruppe 4   (Tafeln 4.0 bis 4.5; $m_1 = 0{,}5$, $m_2 + m_3 = 0{,}5$). Die in 4.0 und 4.1 noch getrennten, von der Kurve $C = 12$ umschlossenen Gebiete um m_1 und m_2 sind ab Tafel 4.2 zusammengeflossen. Ebenso haben sich die beiden, in 4.0 getrennten, von der Kurve $C = 11$ umrandeten Gebiete in 4.1 vereinigt. Die schon in 4.0 erkennbare Einbuchtung bei L_2 verstärkt sich bis Tafel 4.2 und führt in 4.3 zu einer erneuten Aufspaltung. Gleichzeitig sind die von der Kurve $C = 10$ begrenzten Gebiete um L_6 und L_9 zusammengeflossen. Tafel 4.5 zeigt die Umgebung von $m_3 = 0,00001$ gegenüber den vorherigen Tafeln auf das $\dfrac{20}{3}\sqrt{3} = 11,55$-fache vergrößert.

Gruppe 5   (Tafeln 5.0 bis 5.3; $m_1 = 0,9$, $m_2 + m_3 = 0,1$). Die von der Kurve $C = 11$ umschlossenen Gebiete um m_1 und m_2, in 5.0 und 5.1 noch getrennt, sind in 5.2 miteinander verbunden. In Tafel 5.0 sind zwei von der Kurve $C = 10$ umrandete Gebiete vorhanden, welche sich in 5.1 und 5.2 vereinigt haben. Die Grenzkurven $C = 9.5$ bilden in 5.0 drei getrennte Gebiete um L_3, L_6 und L_9, von denen die beiden um L_6 und L_9 in 5.1 und 5.2 ebenfalls zusammengeflossen sind. Tafel 5.2 zeigt wiederum die Umgebung von $m_3 = 0,00001$ auf das 11,55-fache vergrößert.

Gruppe 6   (Tafeln 6.0 bis 6.2; $m_1 = 0,99$, $m_2 + m_3 = 0,01$) Die Grenzkurven $C = 14$ bis $C = 10$ sind nahezu konzentrische Kreise um m_1 geworden. Auch die übrigen Kurven verlaufen großenteils sehr kreisähnlich und zeigen nur in der Nähe von m_2 und m_3 erhebliche Abweichungen. Beim Vergleich von 6.0 mit 6.1 fällt vor allem die Verschiebung des von der Kurve 9.1 begrenzten Gebietes um L_6 auf. In Tafel 6.2 ist wieder die Umgebung von $m_3 = 0,00001$ 11,55fach vergrößert gezeichnet.

Gruppe 7   (Tafeln 7.0 bis 7.2; $m_1 = 0,999$, $m_2 + m_3 = 0,001$). Hier sind jeweils nur die Umgebungen von m_3, alle im gleichen, 11,55fach vergrößerten Maßstab gezeichnet. Nähere Beschreibung in Abschnitt 6 a.

c) Die Veränderung der Bewegungsmöglichkeiten bei abnehmender Jacobischer Konstante

Bei allen folgenden, zusammenfassenden Überlegungen wollen wir nun so vorgehen, daß wir jeweils zuerst die Verhältnisse bei großen Werten der Jacobischen Konstante C betrachten und dann zu immer kleineren C-Werten übergehen. Das ist z. B. gleichbedeutend damit, daß wir für den infinitesimalen Körper zuerst Anfangsbedingungen wählen, welche einen großen Wert für C bewirken, ihm dann aber bei gleichbleibendem Ω_0 nach und nach immer größere Anfangsgeschwindigkeiten V_0 erteilen, denn bei vorgegebenem Ω_0 bedeutet wachsendes V_0 nach (50) eine Abnahme von C.

Natürlich können wir um C zu verkleinern, auch V_0 festhalten und die Anfangslage so variieren, daß Ω_0 abnimmt. Für die Bewegungsmöglichkeiten der infinitesimalen Masse ist das aber gleichgültig, entscheidend ist nur die Abnahme der Jacobischen Konstante.

Ferner ist bei den folgenden Überlegungen zu beachten, daß von allen in den Tafeln gezeichneten Kurven natürlich nur jeweils diejenigen zu betrachten sind, deren C-Wert gerade diskutiert wird. Nur diese sind ja Grenzkurven für die Bewegung der infinitesimalen Masse mit der betreffenden Jacobischen Konstante. Hat also beispielsweise die infinitesimale Masse die Jacobische Konstante $C = 11$, so sind nur die mit 11 bezifferten Kurven maßgebend. Alle übrigen, zu anderen C-Werten gehörigen Kurven sind wegzudenken.

Dann können wir zusammenfassend aus den Tafeln folgendes ersehen:

1. Bei hohen C-Werten, etwa $C = 14$, erkennt man auf allen Tafeln[2] die vier erwähnten, voneinander getrennten, für die Bewegung des infinitesimalen Körpers möglichen Gebiete. Es sind die drei von den Grenzkurven $C = 14$ gebildeten Ovale um die drei endlichen Massen m_1, m_2, m_3, welche entsprechend mit G_1, G_2, G_3 bezeichnet werden sollen und das Gebiet G_∞, welches sich (im Falle $C = 14$) von der äußersten gezeichneten Grenzkurve $C = 14$ bis ins Unendliche erstreckt. Die inneren Gebiete G_1, G_2 und G_3 sind um so ausgedehnter, je größer die umschlossenen Massen sind.

Die Bewegungsmöglichkeiten der infinitesimalen Masse sind verhältnismäßig stark beschränkt. Ein beträchtlicher Teil der xy-Ebene im Bereich des Massendreiecks ist für sie unzugänglich, und die für

---

[2] Abgesehen natürlich von den Tafeln 4.5, 5.3, 6.2, 7.0. 7.1 und 7.2, wo nur die Umgebung von m_3 gezeichnet ist. In einigen weiteren Fällen, wo m_3 sehr klein ist, konnte G_3 für $C = 14$ wegen seiner Kleinheit nicht eingezeichnet werden.

die Bewegung zulässigen Gebiete sind voneinander getrennt, so daß die infinitesimale Masse mit der Jacobischen Konstante $C = 14$, wenn sie sich z. B. in der Umgebung einer endlichen Masse befindet, nicht in die Umgebung einer anderen Masse hinüberwechseln oder gar in das äußere Gebiet G_∞ entweichen kann, um das System ganz zu verlassen.

2. Wird die Jacobische Konstante kleiner, etwa $C = 12$, so wachsen die für die Bewegung der infinitesimalen Masse möglichen Gebiete sämtlich an. Die inneren Gebiete G_1, G_2, G_3 dehnen sich bis zur Grenzkurve $C = 12$ aus, wobei sie z. T. zusammenfließen. Das äußere Gebiet G_∞ reicht nun weiter an das Massendreieck heran, nämlich bis zur zweitäußersten, gezeichneten Kurve $C = 12$. (Die Kurven $C = 14$ und alle anderen außer $C = 12$ sind jetzt wegzudenken.)

3. Bei weiterer Abnahme von C werden die für die Bewegung möglichen Gebiete noch größer, verbinden sich miteinander und füllen schließlich die ganze Ebene aus. Entsprechend kann sich die infinitesimale Masse immer freier bewegen, bis schließlich (spätestens bei $C = 9$) die Bewegung keinen Beschränkungen mehr unterworfen ist.

d) Einfluß der verschiedenen Massenkombinationen auf die zulässigen Gebiete

Das oben Gesagte gilt für alle Wertekombinationen der m_i, doch hängt die Art, wie und wann sich die für die Bewegung der infinitesimalen Masse zulässigen Gebiete bei abnehmendem C zusammenschließen und wann sie sich über die ganze Ebene ausbreiten, von den Werten der endlichen Massen ab.

Das kann am besten anhand zweier Beispiele deutlich gemacht werden: Vergleichen wir etwa die beiden Massenkombinationen

$$m_1 = 0,35 \qquad\qquad m_1 = 0,9$$
$$m_2 = 0,33 \ \text{(Tafel 2)} \quad \text{und} \quad m_2 = 0,09 \ \text{(Tafel 5.1)}$$
$$m_3 = 0,32 \qquad\qquad m_3 = 0,01$$

Bei $C = 14$ sind beide Male die vier Gebiete G_1, G_2, G_3, G_∞ vorhanden. Im ersten Falle mit nahezu gleichen Massenwerten m_i sind auch G_1, G_2 und G_3 fast gleich groß. Im zweiten Fall dagegen, wo die Massenunterschiede erheblich sind, ist G_1 viel größer als G_2, und G_3 ist bei $C = 14$ so klein, daß es gar nicht mehr eingetragen werden konnte.

Bei $C = 12$ sind die Verhältnisse ganz ähnlich, nur sind die Gebiete G_1, G_2, G_3 und G_∞ sämtlich angewachsen.

Bei $C = 11.5$ (gestrichelte Linie) jedoch zeigt sich ein weiterer Unterschied: Im ersten Falle (Tafel 2) mit nahe gleichen Massen haben sich nun die inneren Gebiete an drei Stellen miteinander verbunden, nur um das Zentrum des Systems herum ist noch ein unzugängliches Fleckchen übrig geblieben. Das äußere Gebiet G_∞ ist aber noch abgetrennt.

Erst bei $C = 11$ ist G_∞ so weit nach innen vorgedrungen, (bis zur drittäußersten Grenzkurve $C = 11$; alle anderen Kurven außer $C = 11$ sind wiederum wegzudenken), daß es mit den ebenfalls vergrößerten inneren Gebieten an verschiedenen Stellen (Librationspunkte L_2, L_5, L_8) zusammenfließt. Dadurch sind nun alle für die Bewegung der infinitesimalen Masse möglichen Gebiete zusammengeschlossen. Umgekehrt ist das bisher zusammenhängende, unzugängliche Gebiet in drei Teile um die Librationspunkte L_3, L_6, L_9 aufgespalten, welche sich bei $C = 10$ weiter verkleinert haben und bei $C = 9.5$ bereits ganz verschwunden sind.

Anders im zweiten Fall (5,1): Dort haben sich die Gebiete G_1, G_2, und G_3 bei $C = 11$ noch nirgends zusammengeschlossen, wenn sich auch G_1 und G_2 schon ausbeulen und einander nähern. Bei weiterer Abnahme von C vollzieht sich nun — im Gegensatz zum ersten Fall — die Vereinigung von G_1, G_2 und G_∞, während G_3 vorläufig noch abgetrennt bleibt. ($C = 10$).

Erst bei $C = 9.5$ ist an der Innenseite von G_3 eine Öffnung zum übrigen, für die Bewegung der infinitesimalen Masse zulässigen Gebiet entstanden, — bei einem C-Wert, wo im ersten Fall (Tafel 2) schon gar kein unzugängliches Gebiet mehr existierte.

Bei $C = 9.2$ ist das unzugängliche Gebiet auch hier in drei Teile gespalten und bei $C = 9.1$ ganz verschwunden.

Man erkennt hieraus, wie sehr die Bewegungsmöglichkeiten der infinitesimalen Masse bei verschiedenen Massenkombinationen ganz andersartig sein können, auch wenn die Anfangsbedingungen oder die Jacobische Konstante die gleichen sind.

e) Die Entstehung der Verbindungen der einzelnen zulässigen Gebiete in den Librationspunkten

Um diese Unterschiede genauer zu untersuchen, müssen wir die Werte der Funktion $2\,\Omega$ an den Librationspunkten L_ν ($\nu = 0, 1, \ldots 9$), welche für $V = 0$ gleich den C-Werten sind und die wir entsprechend mit C_ν bezeichnen wollen, etwas genauer studieren.

Die Librationspunkte sind die relativen Minima oder Sattelpunkte der sogenannten „charakteristischen Fläche"[3], welche durch die Funktion $Z = 2\,\Omega\,(x, y)$ dargestellt wird. (Relative Maxima besitzt $2\,\Omega\,(x, y)$ nicht.) Die Hillschen Grenzkurven sind die Schnittlinien dieser Fläche mit der Ebene $Z = C$. Bei genügend großen Werten von C liegen alle Sattelpunkte und relativen Minima unter dieser Ebene: Es gibt keine Verbindungen zwischen den vier zulässigen Gebieten. Wird C aber kleiner und sinkt die Ebene ab, so erreicht sie schließlich das Niveau eines Sattelpunktes, und es tritt an dieser Stelle eine Verbindung zwischen zwei vorher getrennten Gebieten auf. Werden beim weiteren Absinken der Ebene auch die Niveaus der anderen Sattelpunkte erreicht, so entstehen immer neue Verbindungen, und wird schließlich auch das niedrigste Minimum unterschritten, so ist die ganze Ebene für die Bewegung der infinitesimalen Masse möglich.

Die Verbindungen treten also immer an den Librationspunkten auf, und zwar bei abnehmendem C um so eher, je größer der C-Wert des betreffenden Librationspunktes ist. Im einzelnen sind für die verschiedenen Verbindungen maßgebend:

Librationspunkt	Verbindung
L_1	$G_1 - G_2$
L_2	$G_1 - G_\infty$
L_4	$G_2 - G_3$
L_5	$G_2 - G_\infty$
L_7	$G_1 - G_3$
L_8	$G_3 - G_\infty$

Die C-Werte von L_0, L_3, L_6, L_9 bestimmen, wann das um die betreffenden Librationspunkte gelagerte, unzugängliche Gebiet verschwindet.

---

[3] Vgl. W. Schaub, AN **236**, 33 (1929).

f) Die C-Werte der Librationspunkte

In Tabelle 3 sind die C_ν zusammengestellt und in den Abbildungen 3 bis 6 in Abhängigkeit von den Massenwerten graphisch dargestellt. Als Abszisse sind die Werte von m_2 bzw. m_3, als Ordinate die C_ν aufgetragen. m_1 ist jeweils konstant gehalten. Die Abbildungen 3 bis 6 gehören zu den Werten $m_1 = 0{,}4,\ 0{,}5,\ 0{,}9,\ 0{,}99$. Um den Verlauf der Kurven sicherer zu bekommen, wurden auch noch die Punkte für $m_3 > m_2$ eingetragen, welche sich aus Symmetriegründen leicht ergeben. Die Symmetrie um die Ordinate $m_2 = m_3$ kommt dadurch zustande, daß bei Vertauschung von m_2 mit m_3 L_1 in L_7, L_3 in L_9 und L_5 in L_8 übergehen, während L_0, L_2, L_4, L_6 spiegelbildliche Lagen mit den gleichen C-Werten einnehmen.

Sehen wir uns zunächst die einzelnen Kurven C_ν für sich an! Überall nimmt C_1 mit wachsendem m_2, C_7 mit wachsendem m_3 zu oder anders ausgedrückt: G_1 verbindet sich mit G_2 bzw. G_3 bei einem C-Wert, der um so größer ist, je weniger sich m_2 bzw. m_3 von m_1 unterscheiden. Ebenso hat L_4, die Verbindungsstelle von G_2 und G_3, seinen höchsten C-Wert bei $m_2 = m_3$. Man kann daher ganz allgemein sagen: Die Verbindung zwischen zwei inneren, zulässigen Gebieten kommt um so eher zustande, je geringer der Unterschied zwischen den beiden umschlossenen Massen ist. Bei stark unterschiedlichen endlichen Massen wird für die Entstehung der Verbindung eine kleine J a c o b i sche Konstante, also eine relativ große Anfangsgeschwindigkeit benötigt.

Die Verbindungen von den inneren Gebieten in das äußere werden durch die Werte von C_2, C_5 und C_8 geregelt. Ihre Abhängigkeit von den m_i ist etwas komplizierter. Ist die größte Masse gleich 0,9 oder größer, so sind C_2, C_5 und C_8 dann am größten, wenn eine der Massen m_2 oder m_3 Null ist, also im „problème restreint". In diesem Falle kommt also die Verbindung zwischen G_1 und G_2 bzw. G_1 und G_3 am frühesten zustande. Ist jedoch m_1 kleiner, etwa 0,5, so haben C_5 und C_8 ihr Maximum bei anderen Werten von m_2 und m_3.

Von C_0, C_3, C_6, C_9 läßt sich allgemein sagen, daß sie um so kleiner sind, je mehr die größte Masse überwiegt.

Werte der Jacobischen Konstante

Ta-

m_1	m_2	m_3	C_0	C_1	C_2	C_3
0,333...	0,333...	0,333...	11,3923	10,5821	11,0741	9,8402
0,35	0,33	0,32	11,3890	11,6257	11,0715	9,8185
0,4	0,3	0,3	11,3425	11,6633	11,0414	9,7832
0,4	0,35	0,25	11,3039	11,8596	11,0490	9,6557
0,4	0,4	0,2	11,1829	12,0411	11,0713	9,5836
0,5	0,25	0,25		11,6797	10,8962	9,6766
0,5	0,3	0,2		11,9306	10,9066	9,5776
0,5	0,4	0,1		12,3698	10,9842	9,3194
0,5	0,49	0,01		12,7142	11,1048	9,0344
0,5	0,499	0,001		12,7464	11,1188	9,0034
0,5	0,49999	0,00001		12,7500	11,1203	9,0000
0,9	0,05	0,05		10,3779	9,5037	9,1447
0,9	0,09	0,01		10,9403	9,5469	9,0339
0,9	0,099	0,001		11,0492	9,5664	9,0035
0,9	0,09999	0,00001		11,0607	9,5686	9,0000
0,99	0,005	0,005		9,3443	9,0453	9,0146
0,99	0,009	0,001		9,5000	9,0574	9,0034
0,99	0,00999	0,00001		9,5323	9,0597	9,0000
0,999	0,0005	0,0005		9,0783	9,0031	9,0015
0,999	0,0009	0,0001		9,1147	9,0058	9,0003
0,999	0,00099	0,00001		9,1220	9,0060	9,0000

g) Die Reihenfolge der Verbindungen verschiedener zulässiger Gebiete

Beim Vergleich der beiden Tafeln 2 und 5.1 hat es sich gezeigt, daß sich bei abnehmendem C in einem Fall das äußere Gebiet G_∞, im anderen Fall G_3 als letztes an die übrigen zulässigen Gebiete anschließt. Solche Vertauschungen der Reihenfolge im Auftreten der Gebietsverbindungen können noch öfter vorkommen. Maßgebend ist die Aufeinanderfolge der C_ν.

Vergleichen wir nun die verschiedenen Kurven C_ν miteinander, so stellen wir fest, daß für $m_2 > m_3$ stets C_1, für $m_2 < m_3$ stets C_7 am größten

für die Librationspunkte

belle 3

C_4	C_5	C_6	C_7	C_8	C_9	Reihen-folge
11,5821	11,0741	9,8402	11,5821	11,0741	9,8402	I A, B
11,5265	11,0747	9,8639	11,5905	11,0735	9,8347	I A
11,3661	11,0724	9,9235	11,6633	11,0724	9,7832	I A
11,3289	11,0611	9,9161	11,4492	11,0235	9,8509	I B
11,2134	11,0713	9,8895	11,2134	10,9273	9,8895	I B
	11,0513	9,9853	11,6709	11,0513	9,6766	I A
	11,1160	9,9712	11,3807	10,9429	9,7480	I A
	11,1547	9,8235	10,6911	10,5158	9,7523	II C
	11,1258	9,2848	9,4647	9,4477	9,2838	II C
	11,1210	9,0725	9,1098	9,1080	9,0725	II C
	11,1204	9,0037	9,0054	9,0054	9,0037	II C
	10,1872	9,3300	10,3779	10,1872	9,1447	I A
	10,5901	9,1829	9,5199	9,4805	9,1350	II C
	10,6538	9,0481	9,1195	9,1158	9,0124	II C
	10,6700	9,0025	9,0058	9,0058	9,0024	II C
	9,3243	9,0339	9,3443	9,3243	9,0146	I A
	9,4628	9,0190	9,1226	9,1186	9,0136	II A
	9,4924	9,0011	9,0059	9,0058	9,0011	II C
	9,0763	9,0039	9,0783	9,0763	9,0015	I A
	9,1111	9,0019	9,0273	9,0269	9,0014	II A
	9,1181	9,0005	9,0060	9,0059	9,0004	II C

ist. Im folgenden wollen wir uns jedoch wieder auf den Fall $m_1 \geqq m_2 \geqq m_3$ beschränken, da sich alle anderen daraus leicht durch Vertauschung der m_i oder durch Symmetriebetrachtungen ergeben. Betrachten wir also nur die jeweils rechte Hälfte der Diagramme in den Abbildungen 3 bis 6, so ist stets C_1 am größten. Die zweithöchste Kurve wird, wenn man von der Mitte nach rechts fortschreitet, in allen Fällen zunächst von C_7 gebildet, bis zum Schnittpunkt mit C_5. Außerhalb ist $C_5 > C_7$; wir haben eine Vertauschung in der Reihenfolge der C_v. Auch jeder andere Schnittpunkt der Kurven C_v in den Diagrammen stellt eine Vertauschung dar. In den Intervallen zwischen den Schnittpunkten bleibt die Reihenfolge gleich.

Man kann nun, alle Abbildungen 3 bis 6 zusammenfassend, folgende Reihenfolgen unterscheiden:

$$I \begin{cases} A: C_1 \geqq C_7 \geqq C_5 \geqq C_8 \geqq C_2 & m_1 = 0{,}4, \quad 0{,}3 \quad\ \ \leqq m_2 \leqq 0{,}336 \\ & m_1 = 0{,}5, \quad 0{,}25 \quad\ \leqq m_2 \leqq 0{,}312 \\ & m_1 = 0{,}9, \quad 0{,}050 \ \leqq m_2 \leqq 0{,}057 \\ & m_1 = 0{,}99, \ 0{,}0050 \leqq m_2 \leqq 0{,}0052 \\ B: C_1 \geqq C_7 \geqq C_5 \geqq C_2 \geqq C_8 & m_1 = 0{,}4, \quad 0{,}336 \ \leqq m_2 \leqq 0{,}4 \\ & m_1 = 0{,}5, \quad 0{,}312 \ \leqq m_2 \leqq 0{,}338 \end{cases}$$

$$II \begin{cases} A: C_1 \geqq C_5 \geqq C_7 \geqq C_8 \geqq C_2 & m_1 = 0{,}9, \quad 0{,}057 \ \leqq m_2 \leqq 0{,}088 \\ & m_1 = 0{,}99, \ 0{,}0052 \leqq m_2 \leqq 0{,}0096 \\ B: C_1 \geqq C_5 \geqq C_7 \geqq C_2 \geqq C_8 & m_1 = 0{,}5, \quad 0{,}338 \ \leqq m_2 \leqq 0{,}365 \\ & m_1 = 0{,}9, \quad 0{,}088 \ \leqq m_2 \leqq 0{,}089 \\ C: C_1 \geqq C_5 \geqq C_2 \geqq C_7 \geqq C_8 & m_1 = 0{,}5, \quad 0{,}365 \ \leqq m_2 \leqq 0{,}5 \\ & m_1 = 0{,}9, \quad 0{,}089 \ \leqq m_2 \leqq 0{,}5 \\ & m_1 = 0{,}99, \ 0{,}0096 \leqq m_2 \leqq 0{,}01 \end{cases}$$

Wir erkennen daraus folgendes:

1. Bei allen Massenkombinationen vereinigen sich bei abnehmender Jacobischer Konstante zuerst die beiden Gebiete G_1 und G_2.

2. Im Falle I, also bei Massenkombinationen, wo m_2 und m_3 nicht allzusehr verschieden sind, kommt als nächstes der Anschluß von G_3 an G_1 und dann die Verbindung mit dem äußeren Gebiet G_∞.

3. Im Falle II, wo die Werte von m_2 und m_3 stärker voneinander abweichen, kommt erst die Verbindung von G_2 mit dem äußeren Gebiet G_∞ zustande, und erst später schließt sich G_3 an.

Die erste Verbindung zwischen innerem und äußerem Gebiet erfolgt sowohl bei I als auch bei II am Librationspunkt L_5, also in der Nähe der mittleren Masse m_2.

4. Die weitere Unterteilung der Fälle I und II richtet sich danach, wo die zweite Verbindung zwischen den vereinigten inneren Gebieten G_1, G_2, G_3 und äußerem Gebiet G_∞ stattfindet. In den Reihenfolgen I A und II A entsteht zuerst bei L_8, also in der Nähe der kleinsten Masse

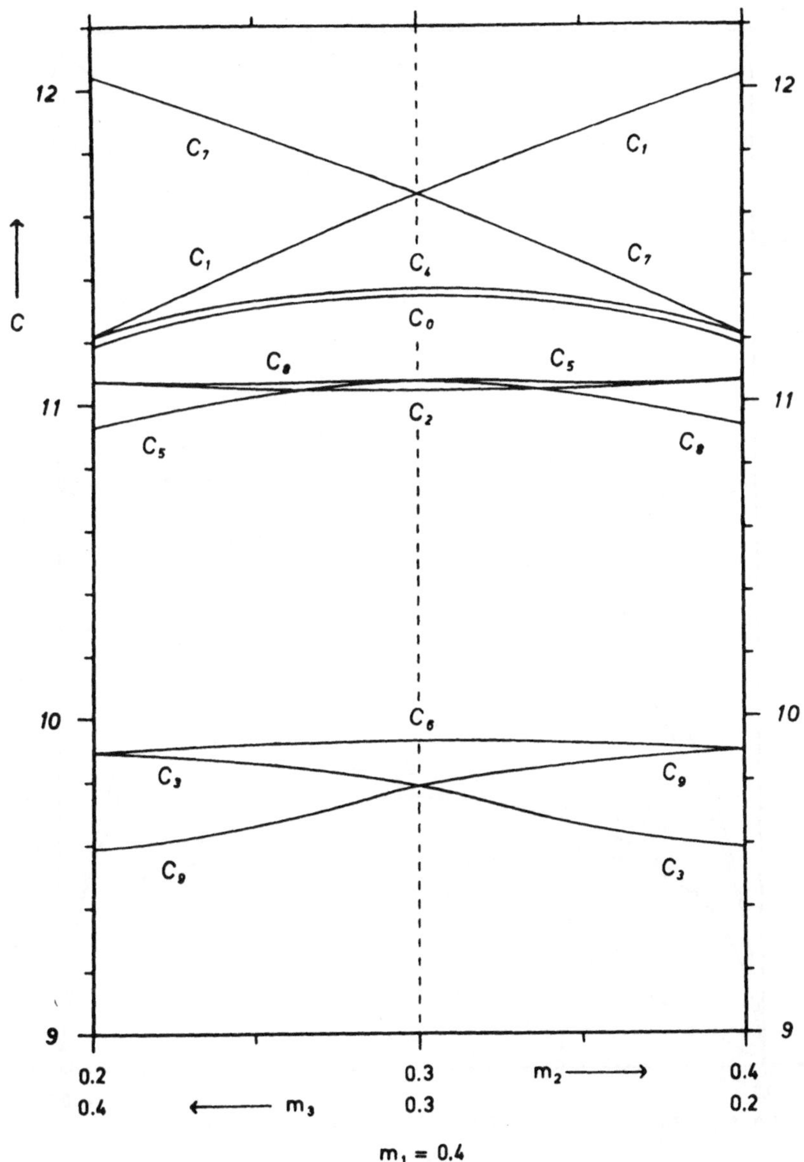

Abb. 3. Die C-Werte der Librationspunkte

                       M. Eckstein

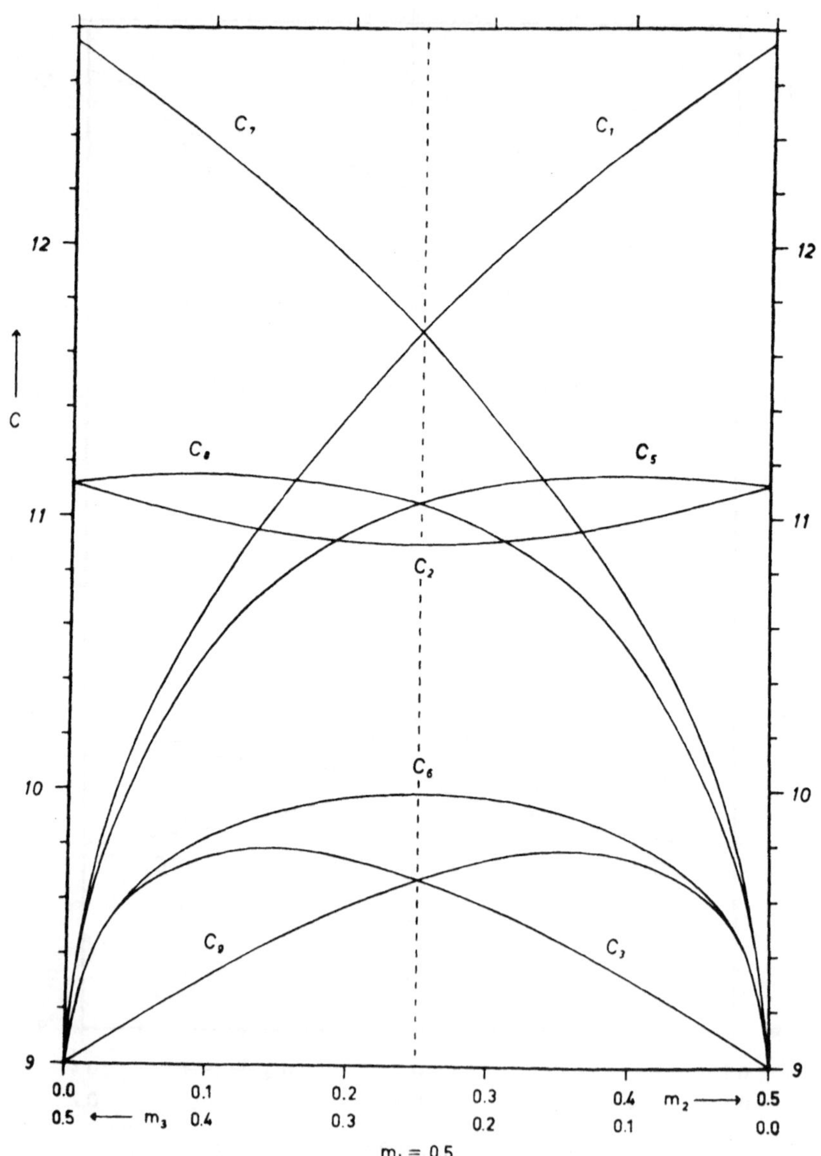

Abb. 4. Die C-Werte der Librationspunkte

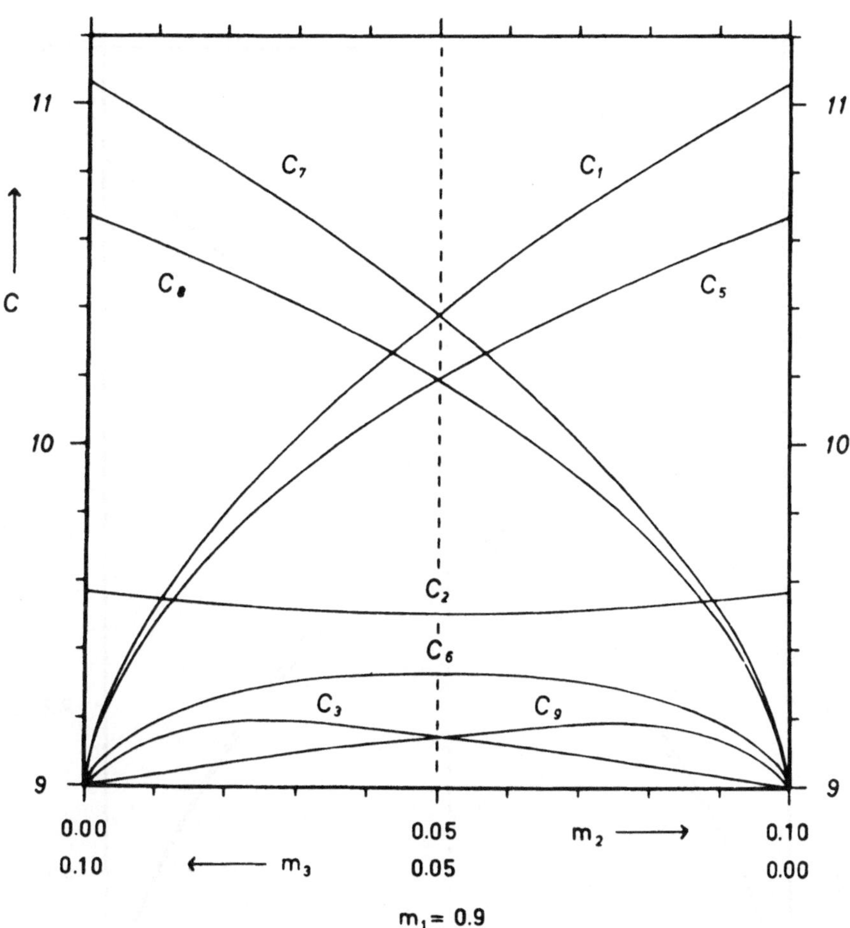

Abb. 5. Die C-Werte der Librationspunkte.

m_3 ein weiterer Durchbruch vom inneren zum äußeren zulässigen Gebiet und dann erst ein dritter bei L_2 in der Nähe der größeren Masse m_1. Umgekehrt kommt in den Fällen I B, II B und II C die zweite Verbindung von innen nach außen bei L_2 zustande, in II C sogar noch vor dem Anschluß von G_3 an G_1.

Abbildung 7 gibt einen Überblick, für welche Massenkombinationen die verschiedenen Reihenfolgen gültig sind. Als Abszisse ist m_1, als

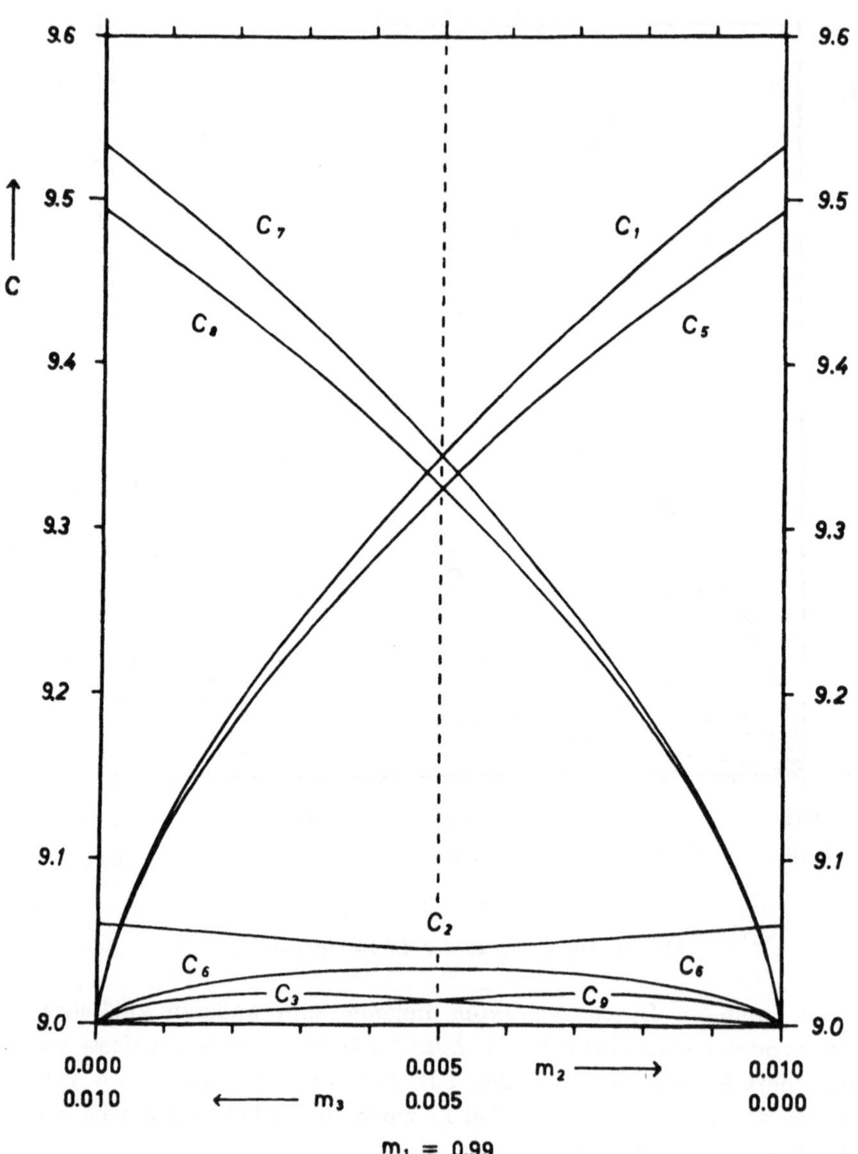

Abb. 6. Die C-Werte der Librationspunkte

Ordinate m_2 aufgetragen, m_3 ist durch $m_3 = 1 - m_1 - m_2$ festgelegt. Jeder Punkt der Ebene entspricht einer Massenkombination. Es kom-

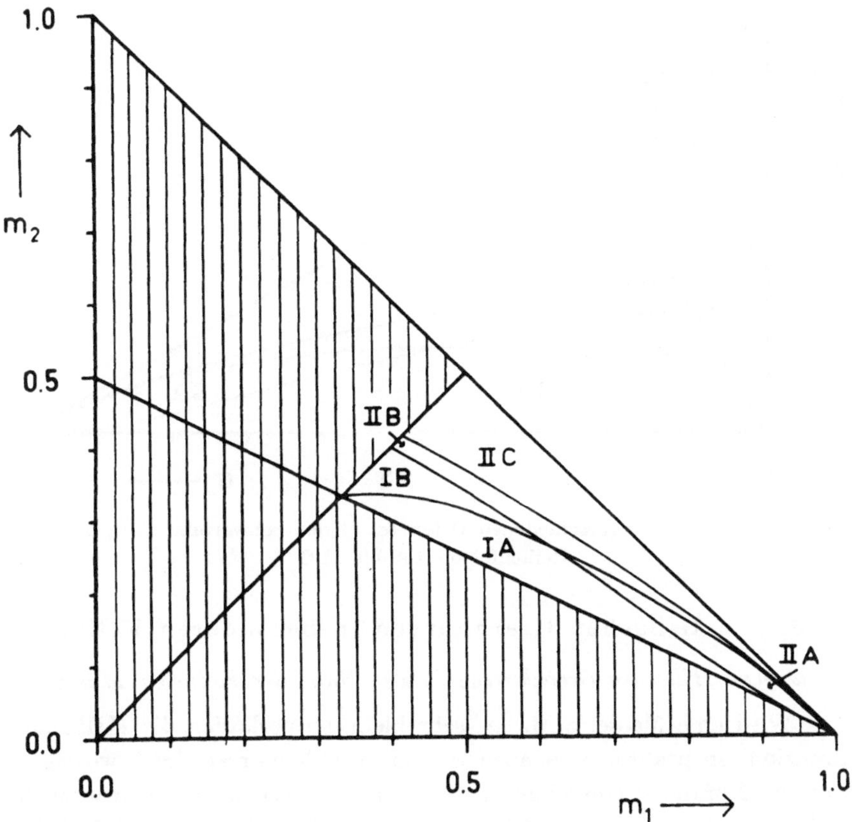

Abb. 7. Die zu den verschiedenen Massenkombinationen gehörigen Reihenfolgen I A bis II C

men jedoch wegen $\sum\limits_{i=1}^{3} m_i = 1$ nur die Punkte in Betracht, welche zwischen den Koordinatenachsen und der Geraden $m_1 + m_2 = 1$ liegen. Da außerdem noch die Bedingung $m_1 \geqq m_2 \geqq m_3$ besteht, bleibt nur mehr das kleine, nicht schraffierte Dreieck übrig. Dort sind mit Hilfe der Schnittpunktskoordinaten aus den Abbildungen 3 bis 6 die Grenzen zwischen den Teilen eingezeichnet, für welche die verschiedenen Reihenfolgen I A, I B, II A, II B und II C zutreffen.

Abbildung 8 sagt dasselbe aus wie Abbildung 7, nur sind anstatt m_1 und m_2 die Schwerpunktskoordinaten (σ, τ) aufgetragen.

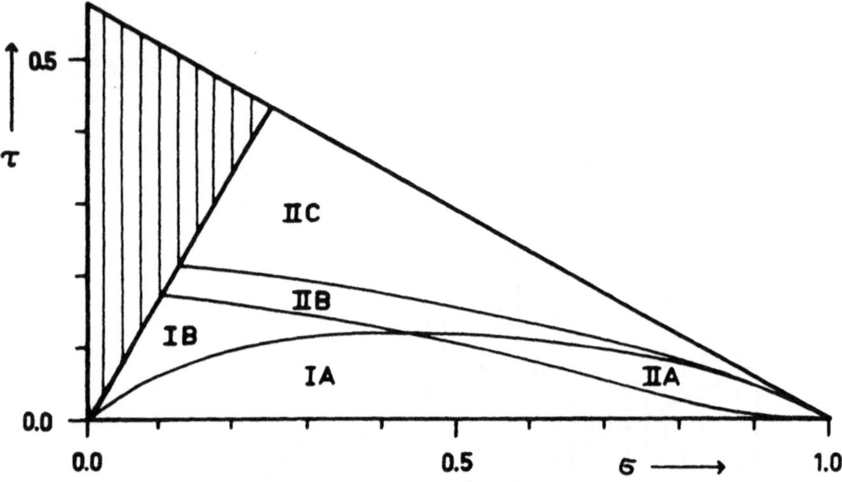

Abb. 8. Die zu den verschiedenen Orten (σ, τ) des Schwerpunktes gehörigen Reihenfolgen I A bis II C

6. Die Hillschen Grenzkurven in besonderen Fällen

a) Die Hillschen Grenzkurven in der Nähe der kleinsten Masse

Wird eine Masse, z. B. m_3, sehr klein, so verlaufen die Hillschen Grenzkurven praktisch genauso wie im „problème restreint", wo $m_3 = 0$ ist. Nur in der Umgebung von m_3 sind die Unterschiede beträchtlich. Daher wurden in den Tafeln 4.5, 5.3, 6.2, 7.0, 7.1 und 7.2 für $m_3 < 10^{-3}$ die Grenzkurven nur noch in der nächsten Umgebung von m_3 berechnet und gezeichnet. Ihre C-Werte liegen sehr nahe bei 9. Die Kurven verlaufen praktisch symmetrisch und die Librationspunkte L_6, L_7, L_8 und L_9 liegen nahezu auf den beiden Symmetrieachsen, L_6 und L_9 allerdings oft in so großem Abstand, daß sie nicht mehr eingezeichnet werden konnten. Die Richtung der Symmetrieachsen hängt von m_1 und m_2 ab. Überwiegt m_1 sehr stark, so weist die eine Symmetrieachse fast genau auf m_1, sind m_1 und m_2 gleich, so weist sie genau in die Mitte zwischen beiden.

Man kann das auch aus Gleichung (42) ersehen, welches die Lage der Librationspunkte L_6, L_7, L_8, L_9 ist und damit die Richtung der Symmetrieachsen bei sehr kleinem m_3 angeben. φ ist der Winkel zwischen Symmetrieachse und Verbindungslinie $\overline{m_1\,m_2}$. Für $m_1 = m_2$ ergibt sich tg $2\,\varphi = 0$ bzw. $\varphi = 180°$ oder $90°$. Die Symmetrieachsen sind parallel oder senkrecht zur Dreiecksseite $\overline{m_1\,m_2}$. Für $m_1 = 1$ folgt tg $2\,\varphi = -\sqrt{3}$ oder $\varphi = 60°$, $150°$. Die eine Symmetrieachse weist auf m_1, die andere ist dazu senkrecht.

Die Symmetrieachsen drehen sich also bei konstantem m_3 und variierendem m_1 und m_2 von $\varphi = 90°$ auf $\varphi = 60°$ bzw. von $\varphi = 180°$ auf $\varphi = 150°$. Gleichzeitig mit der Drehung geht eine gewisse Streckung der Kurven einher. Im Fall 4.5 ($m_1 = 0{,}5$, $m_2 = 0{,}49999$, $m_3 = 0{,}00001$) sind die Grenzkurven z. T. elliptisch mit nicht allzu verschiedenen Achsen. Je mehr m_1 anwächst und m_2 abnimmt (Tafeln 5.3, 6.2, 7.2), um so mehr ziehen sich diese ellipsenähnlichen Kurven in die Länge, wobei sich auch die Librationspunkte L_6 und L_9 immer mehr von m_3 entfernen. Das ist eine Folge von der zweiten Gleichung (42): Der Abstand r_3 der Librationspunkte L_6 und L_9 wird um so größer, je mehr sich φ dem Werte $150°$ bzw. $330°$ nähert.

b) Die Hillschen Grenzkurven in der Nähe der Librationspunkte

Im 5. Abschnitt wurde gezeigt, daß die Librationspunkte als Verbindungsstellen zwischen den zulässigen Gebieten für die Bewegungsmöglichkeiten der infinitesimalen Masse von wesentlicher Bedeutung sind. Wie sehen diese Verbindungsstellen in den einzelnen Fällen aus?

Um diese Frage beantworten zu können, muß man das Verhalten der Hillschen Grenzkurven in unmittelbarer Umgebung der Librationspunkte kennen. Für eine hinreichend klein gewählte Umgebung eines Librationspunktes kann die Funktion $2\,\Omega$ nach Taylor entwickelt werden, und man erhält, wenn man Glieder von höherer als 2. Ordnung vernachlässigt:

$$\left.\begin{aligned}
2\,\Omega = 2\,\Omega_L &+ 2\,\frac{\partial\,\Omega}{\partial\,x}\bigg|_L (x - x_L) + 2\,\frac{\partial\,\Omega}{\partial\,y}\bigg|_L (y - y_L) + \\[2mm]
+ \frac{\partial^2\,\Omega}{\partial\,x^2}\bigg|_L (x - x_L)^2 &+ 2\,\frac{\partial^2\,\Omega}{\partial\,x\,\partial\,y}\bigg|_L (x - x_L)\,(y - y_L) + \frac{\partial^2\,\Omega}{\partial\,y^2}\bigg|_L (y - y_L)^2 + \cdots
\end{aligned}\right\} \quad (52)$$

Der Index L weist darauf hin, daß der betreffende Ausdruck am Librationspunkt zu bilden ist. Das Absolutglied $2\,\Omega_L$ ist gleich dem im 5. Abschnitt definierten C_v. Ferner sind die ersten Differentialquotienten am Librationspunkt gleich Null. Bezeichnen wir außerdem $(x - x_L)$ mit ξ' und $(y - y_L)$ mit η' und setzen wieder

$$\frac{\partial^2 \Omega}{\partial x^2}\bigg|_L = p, \qquad \frac{\partial^2 \Omega}{\partial x\,\partial y}\bigg|_L = r, \qquad \frac{\partial^2 \Omega}{\partial y^2}\bigg|_L = q$$

so ergibt sich

$$2\,\Omega = C = C_v + p\,\xi'^2 + r\,\xi'\,\eta' + q\,\eta'^2 + \ldots \text{ oder}$$
$$\Delta C = C - C_v = p\,\xi'^2 + r\,\xi'\,\eta' + q\,\eta'^2 + \ldots \tag{53}$$

Bringen wir den rechts stehenden quadratischen Ausdruck durch Drehung des Koordinatensystems auf Hauptachsenform, so erhalten wir schließlich:

$$\Delta C = P\,\xi^2 + Q\,\eta^2 + \ldots \tag{54}$$

wobei ξ, η die Koordinaten des neuen Systems sind und

$$\operatorname{tg} 2\,\alpha = \frac{2\,r}{p - q} \tag{55}$$

$$\left.\begin{aligned}
P &= \frac{p + q}{2} + \sqrt{\left(\frac{p + q}{2}\right)^2 - (p\,q - r^2)} \\[2mm]
Q &= \frac{p + q}{2} - \sqrt{\left(\frac{p + q}{2}\right)^2 - (p\,q - r^2)}
\end{aligned}\right\} \tag{56}$$

Ist $\Delta C \neq 0$, so ergibt sich nach Division durch ΔC für die Grenzkurven in unmittelbarer Umgebung der Librationspunkte:

$$\frac{\xi^2}{\left(\dfrac{\Delta C}{P}\right)^2} + \frac{\eta^2}{\left(\dfrac{\Delta C}{Q}\right)^2} = 1 \tag{57}$$

Haben nun ΔC, P und Q alle das gleiche Vorzeichen, so ist (57) die Gleichung einer Ellipse mit den Halbachsen $\sqrt{\dfrac{\Delta C}{P}}$ und $\sqrt{\dfrac{\Delta C}{Q}}$. Da nach (56) und (28)

$$P + Q = p + q = \sum_{i=1}^{3} m_i \left\{ 2 - 2\,\rho_i{}^3 + [(x - x_i)^2 + (y - y_i{}^2)]\,\rho_i{}^5 \right\} =$$

$$= \sum_{i=1}^{3} m_i \left(2 - 2\,\rho_i{}^3 + r_i{}^2\,\rho_i{}^5\right) = \sum_{i=1}^{3} m_i \left(2 - 2\,\rho_i{}^3 + 3\,\rho_i{}^3\right) =$$

$$= \sum_{i=1}^{3} m_i \left(2 + \rho_i{}^3\right) > 0 \tag{58}$$

ist, so können P und Q niemals beide negativ sein. Die Grenzkurven in nächster Umgebung der Librationspunkte sind also dann und nur dann Ellipsen, wenn ΔC, P und Q positiv sind. Das trifft bei den Librationspunkten L_0, L_3, L_6 und L_9 zu. Für $\Delta C = 0$ schrumpft die Ellipse auf einen einzigen Punkt zusammen, denn (54) ist dann nur für $\xi = 0$, $\eta = 0$, also im Librationspunkt selbst, erfüllt. Für negative ΔC existieren keine Grenzkurven in der Nähe von L_0, L_3, L_6 und L_9. Haben P und Q verschiedene Vorzeichen, so sind die Grenzkurven in der Nachbarschaft der Librationspunkte Hyperbeln, die bei $\Delta C = 0$ in zwei Geraden übergehen, welche sich im Librationspunkt schneiden und sonst gleichzeitig die Assymptoten der Hyperbeln sind. Das ist der Fall bei den Librationspunkten L_1, L_2, L_4, L_5, L_7 und L_8.

Das Achsenverhältnis $\dfrac{b}{a}$ bei den Ellipsen um L_0, L_3, L_6 und L_9 und der Schnittwinkel β der Grenzkurven, die durch L_1, L_2, L_4, L_5, L_7 und L_8 gehen, können leicht berechnet werden. Es ist

$$\frac{b}{a} = \sqrt{ \frac{1 - \sqrt{1 - \dfrac{p\,q - r^2}{\left(\dfrac{p + q^2}{2}\right)}}}{1 + \sqrt{1 - \dfrac{p\,q - r^2}{\left(\dfrac{p + q^2}{2}\right)}}} } \tag{59}$$

Für $\left| \operatorname{tg} \dfrac{\beta}{2} \right|$ ergibt sich der gleiche Ausdruck.

In den Tabellen 4 bis 13 sind die verschiedenen Größen angegeben, welche die Librationspunkte selbst und die sie umgebenden Grenzkurven charakterisieren (s. S. 54—63). In der 1. Spalte stehen die Massenkombinationen m_1, m_2, m_3, in der zweiten die Nummern der zugehörigen Tafeln. Die dritte Spalte enthält den Ort der Librationspunkte in einem Polarkoordinatensystem, dessen Nullpunkt im Mittelpunkt des Massen-

dreiecks gelegen ist und dessen Nullrichtung auf m_1 weist. Die vierte
Spalte gibt den C-Wert. Der Winkel α in Spalte 5 ist der Winkel zwischen
großer Halbachse der umgebenden Ellipsen und Nullrichtung bzw. der
Winkel zwischen Symmetrieachse der umgebenden Hyperbeln und
Nullrichtung. Es ist immer die Symmetrieachse genommen, welche
die beiden zulässigen Gebiete verbindet (vgl. Abb. 9). Die nächste
Spalte enthält das Achsenverhältnis $\dfrac{b}{a}$ bzw. den Winkel β, welchen
die beiden Hyperbelassymptoten miteinander bilden, und zwar wurde

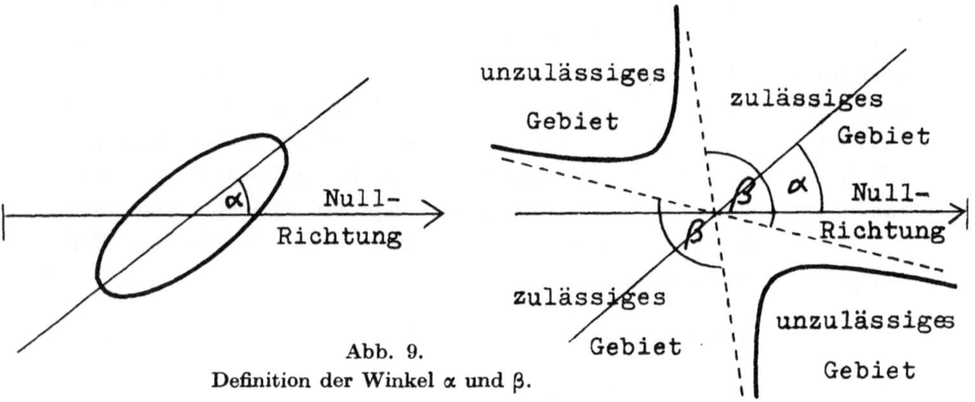

Abb. 9.
Definition der Winkel α und β.

von den beiden Komplementwinkeln stets derjenige angegeben, welcher
sich zum zulässigen Gebiet hin öffnet.

Alle diese Größen ergeben sich mit Hilfe der im Abschnitt 4 b
beschriebenen Näherungsrechnung.

c) Hillsche Grenzkurven und Stabilität

Betrachtet man die Bewegung der infinitesimalen Masse nur in
der nächsten Umgebung eines Librationspunktes, so kann man in den
Bewegungsgleichungen (4) die Funktionen $\dfrac{\partial U}{\partial x} = \dfrac{\partial \Omega}{\partial x}$ und $\dfrac{\partial U}{\partial y} = \dfrac{\partial \Omega}{\partial y}$
entwickeln und die Entwicklung nach den Gliedern erster Ordnung
abbrechen. Setzen wir wieder $n = 1$, $x - x_L = \xi'$, $y - y_L = \eta'$, so
ergibt sich:

$$\ddot{\xi}' - 2\dot{\eta}' = \frac{\partial \Omega}{\partial x}\Big|_L + \frac{\partial^2 \Omega}{\partial x^2}\Big|_L \xi' + \frac{\partial^2 \Omega}{\partial x \partial y}\Big|_L \eta' \;\bigg\}$$
$$\ddot{\eta}' + 2\dot{\xi}' = \frac{\partial \Omega}{\partial x}\Big|_L + \frac{\partial^2 \Omega}{\partial y \partial x}\Big|_L \xi' + \frac{\partial^2 \Omega}{\partial y^2}\Big|_L \eta' \;\bigg\} \tag{60}$$

Da die ersten Differentialquotienten von Ω am Librationspunkt Null sind, und wenn wir die zweiten Differentialquotienten wieder mit p, q, r abkürzen, erhalten wir:

$$\ddot{\xi}' - 2\dot{\eta}' = p\,\xi' + r\,\eta'$$
$$\ddot{\eta}' + 2\dot{\xi}' = r\,\xi' + q\,\eta'$$

Mit dem Lösungsansatz ähnlich wie Lindow [1]

$$\xi' = A e^{\lambda t}, \; \eta' = B \cdot e^{\lambda t} \tag{62}$$

wo A und B Integrationskonstanten sind, ergibt sich

$$A(\lambda^2 - p) + B(-2\lambda - r) = 0$$
$$A(2\lambda - r) + B(\lambda^2 - q) = 0 \tag{63}$$

Die Gleichung (63) haben dann und nur dann Lösungen für A und B, wenn die Determinante

$$\begin{vmatrix} (\lambda^2 - p) & (-2\lambda - r) \\ (2\lambda - r) & (\lambda^2 - q) \end{vmatrix} = 0 \tag{64}$$

ist. Das führt auf die folgende Gleichung:

$$\lambda^2 = -\frac{4 - p - q}{2} \pm \frac{1}{2}\sqrt{(4 - p - q)^2 - 4(pq - r^2)} \tag{65}$$

Wenn nun die Bewegung um den Librationspunkt stabil sein soll, das heißt, wenn die infinitesimale Masse für alle Zeiten in der nächsten Umgebung des Librationspunktes bleiben soll, so muß im obigen Lösungsansatz (62) λ rein imaginär sein. Das bedeutet, daß beide aus Gleichung (65) folgenden Werte für λ^2 negativ reell sein müssen, und das trifft zu, wenn

$$\begin{aligned} &\text{I} \quad 4 - p - q \gtreqless 0 \\ &\text{II} \quad pq - r^2 \geqq 0 \\ &\text{III} \quad (4 - p - q)^2 \geqq 4 \cdot (pq - r^2) \end{aligned} \;\Bigg\} \tag{66}$$

50   M. Eckstein

erfüllt ist. Diese Stabilitätsbedingungen lassen sich auf eine noch einfachere Form zurückführen, wenn man wieder die Größen P, Q einführt.

Es ist

$$p + q = P + Q$$
$$pq - r^2 = P \cdot Q. \tag{67}$$

Damit gehen die Bedingungen (66) über in:

$$\left.\begin{array}{lll} \text{I} & 4 - P - Q & \geqq 0 \\ \text{II} & PQ & \geqq 0 \\ \text{III} & (4 - P - Q)^2 \geqq 4PQ \end{array}\right\} \tag{68}$$

Mit Hilfe von I und II kann III wie folgt umgeformt werden:

$$\begin{aligned} 4 - P - Q &\geqq 2\sqrt{PQ} \quad \text{oder} \\ P + 2\sqrt{PQ} + Q &\leqq 4 \qquad \text{oder} \\ \sqrt{P} + \sqrt{Q} &\leqq 2, \end{aligned} \tag{69}$$

denn wegen (58) und (68 II) sind P und Q beide positiv. Umgekehrt folgen auch die Bedingungen (68) zwangsläufig aus (69).

P. Pedersen hat gezeigt [7], daß die Stabilitätsbedingungen bei den Librationspunkten L_0, L_1, L_2, L_4, L_5, L_7 und L_8 niemals erfüllt sind. Auch L_3, L_6 und L_9 sind nicht immer stabil. Pedersen gibt die Grenzen an, innerhalb derer die Librationspunkte liegen, um welche die Bewegung der infinitesimalen Masse stabil ist.

Man kann aber auch auf Grund der umgebenden Hillschen Grenzkurven entscheiden, ob die Bewegung um einen Librationspunkt stabil ist oder nicht. Die Grenzkurven in der Umgebung von L_3, L_6 und L_9 sind stets Ellipsen mit den Halbachsen

$$a = \sqrt{\frac{\Delta C}{P}} \quad \text{und} \quad b = \sqrt{\frac{\Delta C}{Q}}, \qquad \text{[vgl. (57)]}$$

wobei ΔC, P, Q alle positiv sind. Daraus folgt:

$$\sqrt{P} = \frac{\sqrt{\Delta C}}{a}, \qquad \sqrt{Q} = \frac{\sqrt{\Delta C}}{b}$$

Setzt man dies in die Stabilitätsbedingungen (69) ein, so ergibt sich:

$$\frac{\sqrt{\Delta C}}{a} + \frac{\sqrt{\Delta C}}{b} \leq 2. \tag{70}$$

Es läßt sich nun weiter zeigen, daß für die Librationspunkte L_3, L_6, L_9 immer die Ungleichung

$$P + Q \geqq 3 \tag{71}$$

erfüllt ist. Nach (58) ist

$$P + Q = \sum_{i=1}^{3} m_i \left(2 + \rho_i{}^3\right).$$

Im Sonderfall des gewöhnlichen „problème restreint", wo eine Masse, z. B. m_3, Null ist, haben ρ_1 und ρ_2 am Librationspunkt L_3 beide den gleichen Wert 1, so daß

$$P + Q = 3 \quad \text{wird.}$$

Betrachtet man nun das Existenzgebiet III_3 von L_3 in der Arbeit von Pedersen [6], S. 48, Abb. 12, so geht hervor, daß L_3 in allen anderen Fällen näher an die drei endlichen Massen heranrückt als im Fall $m_3 = 0$. Damit werden die r_i kleiner und entsprechend die ρ_i größer.

Folglich wird auch $\sum_{i=1}^{3} m_i \, \rho_i{}^3$ größer, und es gilt für L_3 stets

$$P + Q = \sum_{i=1}^{3} \left(2 + \rho_i{}^3\right) \geqq 3. \tag{71}$$

In gleicher Weise kann man (71) für L_6 und L_9 beweisen, indem man von den Sonderfällen $m_1 = 0$ und $m_2 = 0$ ausgeht. Gleichung (71) liefert in Verbindung mit $P = \dfrac{\Delta C}{a^2}$ und $Q = \dfrac{\Delta C}{b^2}$ die Ungleichung

$$\frac{\Delta C}{a^2} + \frac{\Delta C}{b^2} \geqq 3. \tag{72}$$

Mit Hilfe der Hillschen Grenzkurven kann man nun folgendes Stabilitätskriterium formulieren:

Die Bewegung der infinitesimalen Masse um einen Librations-punkt ist stabil, wenn die ihn umgebenden Grenzkurven Ellipsen sind, deren Halbachsen a und b die Bedingungen (70) und (72) erfüllen.

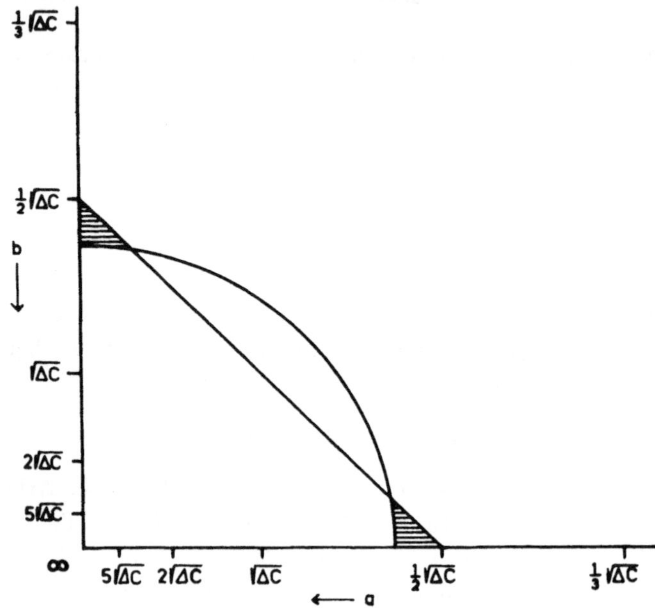

Abb. 10. Hillsche Grenzkurven und Stabilität

Setzt man noch $\dfrac{\sqrt{\Delta C}}{a} = \sqrt{P} = X$, $\dfrac{\sqrt{\Delta C}}{b} = \sqrt{Q} = Y$, so gehen die Bedingungen (70) und (72) über in

$$X + Y \leqq 2$$
$$X^2 + Y^2 \geqq 3 \tag{73}$$

In einem Diagramm, wo X als Abszisse und Y als Ordinate aufgetragen werden, liegen alle Punkte, welche die Bedingungen (73) erfüllen sowohl links unter der Geraden $X + Y = 2$ als auch außerhalb des Kreises $X^2 + Y^2 = 3$. In Abb. 10 sind an den Achsen nicht die Werte von X und Y, sondern gleich die entsprechenden Werte von a und b in Einheiten von $\sqrt{\Delta C}$ angeschrieben. a und b wachsen also bei An-näherung an den Koordinatenanfangspunkt an. Nur die in den beiden kleinen, schraffierten Bereichen liegenden Punkte (a, b) entsprechen Librationspunkten, die bezüglich der Bewegung der infinitesimalen Masse stabil sind. Man erkennt, daß diese Librationspunkte von ziemlich langgestreckten Grenzellipsen umgeben sind, denn in beiden schraffierten Bereichen ist immer die eine Halbachse sehr viel größer als die andere. Das Verhältnis von kleiner zu großer Achse ist am Schnittpunkt von Kreis und Gerade am größten und beträgt dort

$$\left(\frac{b}{a}\right)_{\text{max}} = \frac{\sqrt{2}-1}{\sqrt{2}+1} = 0{,}1715 \tag{74}$$

In den Tabellen 4 bis 13 ist in der letzten Spalte jeweils vermerkt, ob die Bewegung um den Librationspunkt bei der betreffenden Massenkombination stabil ist oder nicht.

Es ist mir eine angenehme Pflicht, Herrn Prof. Dr. K. Schütte für die Anregung zu dieser Untersuchung und für manchen Rat in zahlreichen Diskussionen herzlich zu danken.

Übersicht der Daten für die Librationspunkte für alle gerechneten Fälle (vgl. S. 47/48)

Tabelle 4: L_0

m_1	m_2	m_3	Tafel	r	φ	C	α	$\dfrac{b}{a}$	Stabilität
0,333...	0,333...	0,333...	1	0,0000	—	11,3923	—	1,00	instabil
0,35	0,33	0,32	2	0,0314	197°52′	11,3890	9°6	0,89	instabil
0,4	0,3	0,3	3.0	0,1393	180 0	11,3425	0,0	0,56	,,
0,4	0,35	0,25	3.1	0,1581	212 45	11,3039	14,2	0,54	,,
0,4	0,4	0,2	3.2	0,2145	240 0	11,1829	60,0	0,44	,,

Übersicht der Daten für die Librationspunkte für alle berechneten Fälle

Tabelle 5: L_1

m_1	m_2	m_3	Tafel	r	φ	C	α	β	Stabilität
0,333...	0,333...	0,333...	1	0,4139	60° 0′	11,5821	150°,0	125°,2	instabil
0,35	0,33	0,32	2	0,4218	61 27	11,6257	149,9	124,2	,,
0,4	0,3	0,3	3.0	0,4343	66 55	11,6633	149,3	123,0	,,
0,4	0,35	0,25	3.1	0,4520	63 4	11,8596	149,8	120,9	,,
0,4	0,4	0,2	3.2	0,4659	60 0	12,0411	150,0	118,8	,,
0,5	0,25	0,25	4.0	0,4684	75 30	11,6797	148,4	120,0	,,
0,5	0,3	0,2	4.1	0,4748	71 8	11,9306	149,4	119,1	,,
0,5	0,4	0,1	4.2	0,4879	64 42	12,3698	149,9	116,3	,,
0,5	0,49	0,01	4.3	0,4988	60 25	12,7142	150,0	114,6	,,
0,5	0,499	0,001	4.4	0,4999	60 2	12,7464	150,0	114,6	,,
0,5	0,49999	0,00001	4.5	0,5000	60 0	12,7500	150,0	114,6	,,
0,9	0,05	0,05	5.0	0,6709	102 34	10,3779	149,5	117,6	,,
0,9	0,09	0,01	5.1	0,6252	97 4	10,9403	150,0	116,0	,,
0,9	0,099	0,001	5.2	0,6180	96 1	11,0492	150,0	115,8	,,
0,9	0,09999	0,00001	5.3	0,6173	95 55	11,0607	150,0	115,8	,,
0,99	0,005	0,005	6.0	0,8347	113 13	9,3443	150,0	118,3	,,
0,99	0,009	0,001	6.1	0,8028	111 29	9,5000	150,0	117,8	,,
0,99	0,00999	0,00001	6.2	0,7960	111 5	9,5323	150,0	117,8	,,
0,999	0,0005	0,0005	7.0	0,9202	117 5	9,0783	150,0	118,9	,,
0,999	0,0009	0,0001	7.1	0,9036	116 24	9,1147	150,0	118,9	,,
0,999	0,00099	0,00001	7.2	0,9007	116 17	9,1220	150,0	118,9	,,

Übersicht der Daten für die Librationspunkte für alle berechneten Fälle

Tabelle 6: L_2

m_1	m_2	m_3	Tafel	r	φ	C	α	β	Stabilität
0,333...	0,333...	0,333...	1	2,0438	0° 0′	11,0741	180°,0	137°,9	instabil
0,35	0,33	0,32	2	2,0650	359 43	11,0715	179,5	138,2	,,
0,4	0,3	0,3	3.0	2,1261	0 0	11,0414	180,0	139,7	,,
0,4	0,35	0,25	3.1	2,1223	356 52	11,0490	174,2	139,7	,,
0,4	0,4	0,2	3.2	2,1112	353 51	11,0713	168,5	139,7	,,
0,5	0,25	0,25	4.0	2,2399	0 0	10,8962	180,0	142,8	,,
0,5	0,3	0,2	4.1	2,2349	356 7	10,9066	173,3	142,7	,,
0,5	0,4	0,1	4.2	2,1953	349 2	10,9842	160,1	141,4	,,
0,5	0,49	0,01	4.3	2,1415	344 1	11,1048	151,0	139,5	,,
0,5	0,499	0,001	4.4	2,1357	343 35	11,1188	150,0	139,4	,,
0,5	0,49999	0,00001	4.5	2,1351	343 33	11,1203	150,0	139,3	,,
0,9	0,05	0,05	5.0	2,6387	0 0	9,5037	180,0	162,4	,,
0,9	0,09	0,01	5.1	2,5744	344 22	9,5469	154,9	161,2	,,
0,9	0,099	0,001	5.2	2,5493	341 36	9,5664	150,4	160,6	,,
0,9	0,09999	0,00001	5.3	2,5465	341 20	9,5686	150,0	160,6	,,
0,99	0,005	0,005	6.0	2,7228	0 0	9,0453	180,0	174,4	,,
0,99	0,009	0,001	6.1	2,6615	344 2	9,0574	154,8	174,2	,,
0,99	0,00999	0,00001	6.2	2,6361	340 57	9,0597	150,0	173,9	,,
0,999	0,0005	0,0005	7.0	2,7311	0 0	9,0031	180,0	178,2	,,
0,999	0,0009	0,0001	7.1	2,6714	344 9	9,0058	154,9	178,2	,,
0,999	0,00099	0,00001	7.2	2,6472	341 11	9,0060	150,5	178,0	,,

Übersicht der Daten für die Librationspunkte für alle berechneten Fälle

Tabelle 7: L_3

m_1	m_2	m_3	Tafel	r	φ	C	α	$\dfrac{b}{a}$	Stabilität
0,333…	0,333…	0,333…	1	1,6198	60° 0′	9,8402	150°,0	0,68	instabil
0,35	0,33	0,32	2	1,6362	60 28	9,8185	151,2	0,67	,,
0,4	0,3	0,3	3.0	1,6563	62 8	9,7832	157,0	0,66	,,
0,4	0,35	0,25	3.1	1,7190	60 51	9,6557	153,5	0,64	,,
0,4	0,4	0,2	3.2	2,7782	60 0	9,5836	150,0	0,62	,,
0,5	0,25	0,25	4.0	1,6969	64 34	9,6766	166,6	0,62	,,
0,5	0,3	0,2	4.1	1,7671	62 43	9,5776	162,6	0,61	,,
0,5	0,4	0,1	4.2	1,8897	60 36	9,3194	155,8	0,59	,,
0,5	0,49	0,01	4.3	1,9892	60 0	9,0344	150,4	0,58	,,
0,5	0,499	0,001	4.4	1,9980	60 0	9,0034	150,0	0,58	,,
0,5	0,4999	0,00001	4.5	2,0000	60 0	9,0000	150,0	0,58	,,
0,9	0,05	0,05	5.0	1,8011	69 35	9,1447	189,8	0,28	,,
0,9	0,09	0,01	5.1	1,9683	61 17	9,0339	179,1	0,28	,,
0,9	0,099	0,001	5.2	1,9970	60 7	9,0035	177,3	0,28	,,
0,9	0,09999	0,00001	5.3	2,0000	60 0	9,0000	177,2	0,28	,,
0,99	0,005	0,005	6.0	1,7907	70 12	9,0146	192,8	0,09	stabil
0,99	0,009	0,001	6.1	1,9690	61 31	9,0034	181,7	0,09	,,
0,99	0,00999	0,00001	6.2	1,9997	60 1	9,0000	179,7	0,09	,,
0,999	0,0005	0,0005	7.0	1,7916	70 15	9,0015	193,2	0,03	,,
0,999	0,0009	0,0001	7.1	1,9712	61 37	9,0003	185,8	0,03	,,
0,999	0,00099	0,00001	7.2	1,9973	60 8	9,0000	185,0	0,03	,,

Übersicht der Daten für die Librationspunkte für alle gerechneten Fälle

Tabelle 8: L_4

m_1	m_2	m_3	Tafel	r	φ	C	α	β	Stabilität
0,333…	0,333…	0,333…	1	0,4139	180° 0′	11,5821	90°,0	125°,2	instabil
0,35	0,33	0,32	2	0,4027	180 49	11,5265	89,9	103,3	,,
0,4	0,3	0,3	3.0	0,3489	180 0	11,3661	90,0	101,1	,,
0,4	0,35	0,25	3.1	0,3552	190 33	11,3289	87,7	101,1	,,
0,4	0,4	0,2	3.2	0,3747	200 47	11,2134	85,4	101,1	,,

Übersicht der Daten für die Librationspunkte für alle berechneten Fälle

Tabelle 9: L_5

m_1	m_2	m_3	Tafel	r	φ	C	α	β	Stabilität
0,333…	0,333…	0,333…	1	2,0438	120° 0′	11,0741	120°,0	137°,9	instabil
0,35	0,33	0,32	2	2,0392	120 49	11,0747	121,6	137,7	,,
0,4	0,3	0,3	3.0	1,9971	122 34	11,0724	125,1	136,8	,,
0,4	0,35	0,25	3.1	2,0396	124 46	11,0611	128,4	138,1	,,
0,4	0,4	0,2	3.2	2,1112	126 9	11,0713	138,5	139,2	,,
0,5	0,25	0,25	4.0	1,9149	125 41	11,0513	131,5	135,1	,,
0,5	0,3	0,2	4.1	1,9759	127 25	11,1160	134,8	136,1	,,
0,5	0,4	0,1	4.2	2,0721	131 31	11,1547	141,6	137,9	,,
0,5	0,49	0,01	4.3	2,1303	135 56	11,1258	149,1	139,2	,,
0,5	0,499	0,001	4.4	2,1346	136 24	11,1210	149,9	139,3	,,
0,5	0,49999	0,00001	4.5	2,1351	136 27	11,1204	150,0	139,3	,,
0,9	0,05	0,05	5.0	1,4479	129 6	10,1872	148,1	126,1	,,
0,9	0,09	0,01	5.1	1,5502	131 1	10,5901	149,6	126,7	,,
0,9	0,099	0,001	5.2	1,5672	131 23	10,6538	149,9	126,8	,,
0,9	0,09999	0,00001	5.3	1,5707	131 27	10,6700	150,0	126,8	,,
0,99	0,005	0,005	6.0	1,1901	125 8	9,3243	149,8	122,0	,,
0,99	0,009	0,001	6.1	1,2337	126 5	9,4628	150,0	122,7	,,
0,99	0,00999	0,00001	6.2	1,2435	126 17	9,4924	150,0	122,8	,,
0,999	0,0005	0,0005	7.0	1,0852	122 33	9,0763	150,0	120,9	,,
0,999	0,0009	0,0001	7.1	1,1042	123 4	9,1111	150,0	121,1	,,
0,999	0,00099	0,00001	7.2	1,1077	123 10	9,1181	150,0	121,2	,,

Übersicht der Daten für die Librationspunkte für alle berechneten Fälle

Tabelle 10: L_6

m_1	m_2	m_3	Tafel	r	φ	C	α	$\dfrac{b}{a}$	Stabilität
0,333…	0,333…	0,333…	1	1,6198	180° 0′	9,8402	90°,0	0,68	instabil
0,35	0,33	0,32	2	1,5991	180 16	9,8639	91,7	0,69	,,
0,4	0,3	0,3	3.0	1,5356	180 0	9,9235	90,0	0,73	,,
0,4	0,35	0,25	3.1	1,5300	183 7	9,9161	97,4	0,73	,,
0,4	0,4	0,2	3.2	1,5101	186 29	9,8895	105,2	0,73	,,
0,5	0,25	0,25	4.0	1,4005	180 0	9,9853	90,0	0,81	,,
0,5	0,3	0,2	4.1	1,4161	184 16	9,9712	96,9	0,82	,,
0,5	0,4	0,1	4.2	1,3171	194 43	9,8235	111,6	0,86	,,
0,5	0,49	0,01	4.3	1,0934	217 21	9,2848	152,2	0,93	,,
0,5	0,499	0,001	4.4	1,0222	229 11	9,0725	149,0	0,84	,,
0,5	0,49999	0,00001	4.5	1,0011	234 39	9,0037	149,9	0,83	,,
0,9	0,05	0,05	5.0	0,7981	180 0	9,3300	90,0	0,78	,,
0,9	0,09	0,01	5.1	0,8234	207 4	9,1829	103,8	0,69	,,
0,9	0,099	0,001	5.2	0,8920	224 54	9,0481	112,1	0,60	,,
0,9	0,09999	0,00001	5.3	0,9729	236 50	9,0025	118,5	0,52	,,
0,99	0,005	0,005	6.0	0,7370	180 0	9,0339	90,0	0,23	,,
0,99	0,009	0,001	6.1	0,7863	207 44	9,0190	102,4	0,20	,,
0,99	0,00999	0,00001	6.2	0,9386	233 20	9,0011	116,0	0,16	stabil
0,999	0,0005	0,0005	7.0	0,7325	180 0	9,0039	90,0	0,07	,,
0,999	0,0009	0,0001	7.1	0,7845	207 59	9,0019	102,3	0,06	,,
0,999	0,00099	0,00001	7.2	0,8780	225 33	9,0005	116,4	0,06	,,

Übersicht der Daten für die Librationspunkte für alle berechneten Fälle

Tabelle 11; L_7

m_1	m_2	m_3	Tafel	r	φ	C	α	β	Stabilität
0,333…	0,333…	0,333…	1	0,4139	300° 0′	11,5821	30°,0	125°,2	instabil
0,35	0,33	0,32	2	0,4162	297 43	11,5905	30,3	125,1	,,
0,4	0,3	0,3	3.0	0,4343	293 5	11,6633	30,7	123,0	,,
0,4	0,35	0,25	3.1	0,4120	287 47	11,4492	31,8	126,8	,,
0,4	0,4	0,2	3.2	0,3747	279 13	11,2134	34,6	135,4	,,
0,5	0,25	0,25	4.0	0,4684	284 30	11,6797	31,5	120,1	,,
0,5	0,3	0,2	4.1	0,4603	289 20	11,3807	32,1	123,3	,,
0,5	0,4	0,1	4.2	0,4660	260 28	10,6911	40,0	124,8	,,
0,5	0,49	0,01	4.3	0,7209	240 16	9,4647	59,2	133,0	,,
0,5	0,499	0,001	4.4	0,8692	240 1	9,1098	60,0	130,5	,,
0,5	0,49999	0,00001	4.5	0,9716	240 0	9,0054	60,0	129,6	,,
0,9	0,05	0,05	5.0	0,6709	257 26	10,3779	30,5	117,5	,,
0,9	0,09	0,01	5.1	0,7866	248 40	9,5199	31,8	119,7	,,
0,9	0,099	0,001	5.2	0,8949	243 34	9,1195	32,6	120,8	,,
0,9	0,09999	0,00001	5.3	0,9766	240 43	9,0058	35,1	126,0	,,
0,99	0,005	0,005	6.0	0,8347	246 47	9,3443	30,1	118,2	,,
0,99	0,009	0,001	6.1	0,8999	244 2	9,1226	30,5	118,9	,,
0,99	0,00999	0,00001	6.2	0,9781	240 44	9,0059	30,2	120,1	,,
0,999	0,0005	0,0005	7.0	0,9202	242 55	9,0783	30,0	118,9	,,
0,999	0,0009	0,0001	7.1	0,9526	241 39	9,0273	30,0	119,4	,,
0,999	0,00099	0,00001	7.2	0,9778	240 45	9,0060	30,0	119,8	,,

M. Eckstein

Übersicht der Daten für die Librationspunkte für alle gerechneten Fälle

Tabelle 12: L_8

m_1	m_2	m_3	Tafel	r	φ	C	α	β	Stabilität
0,333...	0,333...	0,333...	1	2,0438	240° 0′	11,0741	60°,0	137°,9	instabil
0,35	0,33	0,32	2	2,0264	239 28	11,0735	59,0	137,4	,,
0,4	0,3	0,3	3.0	1,9971	237 26	11,0724	55,0	136,8	,,
0,4	0,35	0,25	3.1	1,9291	238 50	11,0235	57,6	135,5	,,
0,4	0,4	0,2	3.2	1,8521	240 0	10,9273	60,0	134,4	,,
0,5	0,25	0,25	4.0	1,9149	234 19	11,0513	48,5	135,1	,,
0,5	0,3	0,2	4.1	1,8437	235 50	10,9429	51,1	134,1	,,
0,5	0,4	0,1	4.2	1,6564	238 20	10,5158	56,0	131,6	,,
0,5	0,49	0,01	4.3	1,2922	239 54	9,4477	59,4	129,4	,,
0,5	0,499	0,001	4.4	1,1337	239 59	9,1080	60,0	129,3	,,
0,5	0,49999	0,00001	4.5	1,0285	240 0	9,0054	60,0	128,9	,,
0,9	0,05	0,05	5.0	1,4480	230 54	10,1872	32,0	126,1	,,
0,9	0,09	0,01	5.1	1,2534	234 17	9,4805	33,3	124,2	,,
0,9	0,099	0,0001	5.2	1,1137	237 5	9,1158	33,3	123,2	,,
0,9	0,09999	0,00001	5.3	1,0235	239 19	9,0058	33,0	122,3	,,
0,99	0,005	0,005	6.0	1,1901	234 52	9,3243	30,2	122,0	,,
0,99	0,009	0,001	6.1	1,1085	236 50	9,1186	30,2	121,3	,,
0,99	0,00999	0,00001	6.2	1,0224	239 17	9,0058	30,1	120,2	,,
0,999	0,0005	0,0005	7.0	1,0852	237 27	9,0763	30,0	121,0	,,
0,999	0,0009	0,0001	7.1	1,0492	238 28	9,0269	30,0	120,6	,,
0,999	0,00099	0,00001	7.2	1,0226	239 17	9,0059	30,0	120,2	,,

Übersicht der Daten für die Librationspunkte für alle gerechneten Fälle

Tabelle 13: L_9

m_1	m_2	m_3	Tafel	r	φ	C	α	$\dfrac{b}{a}$	Stabilität
0,333…	0,333…	0,333…	1	1,6198	300° 0′	9,8402	30°,0	0,68	instabil
0,35	0,33	0,32	2	1,5991	180 16	9,8347	27,9	0,68	,,
0,4	0,3	0,3	3.0	1,6563	297 52	9,7832	23,0	0,66	,,
0,4	0,35	0,25	3.1	1,5872	296 2	9,8509	19,3	0,69	,,
0,4	0,4	0,2	3.2	1,5101	293 31	9,8895	14,8	0,72	,,
0,5	0,25	0,25	4.0	1,6969	295 26	9,6766	193,4	0,62	,,
0,5	0,3	0,2	4.1	1,6177	292 53	9,7480	189,0	0,64	,,
0,5	0,4	0,1	4.2	1,4153	284 24	9,7523	180,8	0,74	,,
0,5	0,49	0,01	4.3	1,1002	262 36	9,2838	144,4	0,98	,,
0,5	0,499	0,001	4.4	1,0224	260 49	9,0725	151,1	0,87	,,
0,5	0,49999	0,00001	4.5	1,0011	245 21	9,0037	150,0	0,82	,,
0,9	0,05	0,05	5.0	1,8011	290 25	9,1447	170,2	0,28	,,
0,9	0,09	0,01	5.1	1,3887	270 10	9,1350	147,4	0,35	,,
0,9	0,099	0,001	5.2	1,1537	254 43	9,0124	136,4	0,42	,,
0,9	0,09999	0,00001	5.3	1,0293	243 8	9,0024	125,0	0,62	,,
0,99	0,005	0,005	6.0	1,7907	289 48	9,0146	167,1	0,09	stabil
0,99	0,009	0,001	6.1	1,4012	269 24	9,0136	144,3	0,11	,,
0,99	0,00999	0,00009	6.2	1,0700	246 30	9,0011	124,8	0,15	,,
0,999	0,0005	0,0005	7.0	1,7916	289 45	9,0015	166,8	0,03	,,
0,999	0,0009	0,0001	7.1	1,4027	269 21	9,0014	144,1	0,04	,,
0,999	0,00099	0,00001	7.2	1,1623	253 48	9,0004	131,1	0,04	,,

Zusammenfassung

Für den speziellen Fall des eingeschränkten Vierkörperproblems, wo sich die drei endlichen Massen dauernd in den Eckpunkten eines gleichseitigen Dreiecks befinden, werden die Werte der Jacobischen Konstante mit Hilfe eines zweckmäßigen Rechenverfahrens für 433 Punkte der xy-Ebene im Bereich des Massendreiecks berechnet und durch Interpolation zwischen ihnen der Verlauf der Hillschen Grenzkurven bestimmt. Das Verfahren wird für 21 verschiedene Wertekombinationen der drei endlichen Massen, deren Summe stets gleich 1 ist, durchgeführt, so daß insgesamt 21 . 433 = 9093 Werte der Jacobischen Konstante benutzt werden, von denen allerdings ein Teil aus Symmetriegründen nicht berechnet werden mußte. Die Hillschen Grenzkurven sind für alle 21 Massenkombinationen in den Tafeln 1 bis 7.2 gezeichnet. Anhand der Zeichnungen werden die Bewegungsmöglichkeiten der infinitesimalen Masse in Abhängigkeit von den Massenwerten diskutiert. Es zeigt sich, daß sie bei verschiedenen Massenkombinationen ganz andersartig sein können, auch wenn die Anfangsbedingungen bzw. die Jacobische Konstante dieselben sind.

Die Teilgebiete der xy-Ebene, in welchen die Bewegung der infinitesimalen Masse gemäß ihrer Jacobischen Konstante möglich ist, werden betrachtet und ihre Form- und Größenänderungen bei abnehmender Jacobischer Konstante für die gewählten, verschiedenen Massenkombinationen untersucht. Insbesondere werden die Verbindungen zwischen den für die infinitesimale Masse zulässigen Gebieten und die Reihenfolge ihrer Entstehung bei abnehmender Jacobischer Konstante in Abhängigkeit von der jeweils gewählten Massenkombination diskutiert.

Die Hillschen Grenzkurven in der Umgebung einer endlichen Masse, wenn diese sehr klein ist (0,00001), und die Hillschen Grenzkurven in der Nähe der Librationspunkte werden gesondert betrachtet. Den Schluß bildet eine Diskussion des Zusammenhanges zwischen Stabilität der Bewegung der infinitesimalen Masse um die Librationspunkte und der Form der Hillschen Grenzkurve in deren Umgebung.

Wichtigste Literatur

[1] Lindow, M.: Ein Spezialfall des Vierkörperproblems, AN **216**, 389 (1922) und Der Kreisfall der (3 + 1)-Körper, AN **220**, 369 (1924).

[2] Schaub, W.: Über einen speziellen Fall des Fünfkörperproblems, AN **236**, 33 (1929).

[3] Lindow, M.: Der Kreisfall im Problem der $(n + 1)$-Körper, AN **228**, 233 (1926) und Grenzkurven und Librationsbahnen im Problem der $(n + 1)$ Körper, AN **233**, 177 (1928).

[4] Roth, H.: Die Verteilung der Jacobischen Konstante im Dreidimensionalen, Acta Physica Austriaca, vol. **2**, 23 (1948).

[5] Hüttenhain, E.: Untersuchungen über die Stabilität infinitesimaler Bahnen um Librationspunkte, AN **254**, 281 (1934).

[6] Pedersen, P.: Librationspunkte im restringierten Vierkörperproblem, Publ. Kopenhagen, Nr. **137** (1944).

[7] Pedersen, P.: Stabilitätsuntersuchungen im restringierten Vierkörperproblem, Publ. Kopenhagen, Nr. **159** (1952).

[8] Klemperer, W. B.: Rosette configurations of gravitating bodies in homographic equilibrium, Douglas Aircraft Company, Inc., Santa Monica Division, Santa Monica, California, Engineering paper Nr. 1032 (1960).

[9] Pedersen, P.: Die Librationsellipsen um die Dreieckslibrationspunkte im Allgemeinen Dreikörperproblem, Publ. Kopenhagen, Nr. **130**, (1941).

[10] Darwin, G. W.: Periodic orbits. Acta Mathematica, vol. **21** (1897).

Inhalt

Lebenslauf

Ich wurde am 17. 3. 1934 als dritter Sohn des Pfarrers Richard Eckstein und seiner Frau Anna, geb. Kreppel, in Zirndorf geboren. Die Volksschule besuchte ich ab 1940 in München, bis die Familie 1943, durch die Kriegsverhältnisse gezwungen, nach Berlin übersiedelte. Dort hatte mein Vater das Amt des Vorstehers des Evang. Johannesstiftes in Spandau, eine Anstalt der Inneren Mission, angenommen, konnte es jedoch erst nach seiner Rückkehr aus der Gefangenschaft im Herbst 1945 antreten. Von Februar 1946 bis zum Abitur im März 1953 besuchte ich das Kant-Gymnasium in Berlin-Spandau. Mit dem Sommersemester 1953 begann ich in München das Studium der Physik, Astronomie und Meteorologie. Nach dem Vordiplom in Physik 1956 arbeitete ich zwei Jahre lang zusammen mit Herrn Prof. Dr. K. Schütte an einer astronomischen Untersuchung, welche 1958 unter dem Titel: „Galaktozentrische Bahnelemente von über 850 Sternen in den Entfernungen 67—100 und 167—333 Parsec von der Sonne" in den Sitzungsberichten der Österreichischen Akademie der Wissenschaften, mathem.-naturw. Klasse, Abteilung II, 167. Bd., 5 bis 7. Heft, erschien. Die Arbeit wurde durch eine Sachbeihilfe der Deutschen Forschungsgemeinschaft ermöglicht.

Anschließend begann ich mit der Diplomarbeit für Physik, welche von Herrn Prof. Dr. K. von Frisch und Herrn Prof. Dr. W. Rollwagen angeregt und an der Universitätssternwarte München unter der Aufsicht von Herrn Prof. Dr. F. Schmeidler durchgeführt wurde. Sie hatte das Thema: „Über die Sichtbarkeit der Sonne für Bienen in ultraviolettem Licht bei bedecktem Himmel".

Das Diplomexamen für Physik bestand ich im März 1960 mit dem Prädikat „sehr gut".

Die vorliegende Dissertation wurde nach dem Diplomexamen 1960 in Angriff genommen, auf Anregung von Herrn Prof. Dr. K. Schütte. Ich möchte Herrn Prof. Schütte, der mir nicht nur während dieser Arbeit, sondern im Laufe meines gesamten Studiums in reichem Maße seinen Rat zuteil werden ließ, besonderen Dank aussprechen. Ebenso danke ich der Deutschen Forschungsgemeinschaft dafür, daß sie für die umfangreichen numerischen Rechnungen eine Brunsviga-Rechenmaschine zur Verfügung gestellt hat.

Meine akademischen Lehrer waren:

im Hauptfach Astronomie: Prof. Dr. K. Schütte,
Prof. Dr. F. Schmeidler,
Dr. A. Güttler,
in Physik: Prof. Dr. W. Gerlach,
Prof. Dr. W. Rollwagen,
Dr. F. Fraunberger,
Prof. Dr. F. Bopp,
Prof. Dr. W. Heisenberg,
Prof. Dr. H. Auer,
in Meteorologie: Prof. Dr. R. Geiger,
Prof. Dr. F. Möller,
Dr. G. Hofmann,
Dr. F. Roßmann.

Additional information of this book

(Die Hillschen Grenzkurven in einem besonderen Fall des eingeschränkten Vierkörperproblems bei verschiedenen Werten der endlichen Massen; 978-3-662-24094-6_OSFO) is provided:

http://Extras.Springer.com